臨床工学技士のための
電 気 工 学

工学博士 三田村 好矩 監修
博士（工学） 西村 生哉 著

コロナ社

まえがき

　電気回路において例えばオームの法則を理解していても,「理解している」ことと「問題が解ける」ことは決してリンクするものではない。また,交流回路においては複素数計算や微積分など応用数学的な計算力と,その計算が実際の現象の何に対応しているのかという理解が必要となるが,多くの学生はその理解ができぬまま面倒な計算をさせられ,その結果,電気が嫌い・苦手・わからない,という状態に陥っているように思う。
　電気は目に見えない分,機械より理解がしにくいのである。
　また,従来の参考書のあり方も,電気を苦手にさせている原因の一つに挙げられるように思う。いわゆる教科書は理屈の説明は厳格であるが,その分,一読ではわかりにくく,問題解答のテクニックというものにはほとんど触れていない。また,問題集は理屈を理解していることを前提に書かれており,やってみたけどさっぱりわからないということになりがちである。
　本書の執筆コンセプトは「臨床工学技士のための機械工学」(コロナ社刊)と同様である。すなわち,説明の対象を「第2種ME技術実力検定試験(以下,ME2種とする)と臨床工学技士国家試験(以下,国家試験とする)に必要な内容」に絞り込み,従来の教科書より説明項目を少なくし,その代わり試験に出る項目について,理解の助けになる説明と問題を解くためのテクニックをしっかりと解説している。
　また,「臨床工学技士のための機械工学」と同様,ME2種と国家試験の関連過去問を掲載し,他の過去問集以上に詳しい説明を加え,種々の法則を解答にどう結びつけるかの解説に力を注いだ。
　本書は「理屈」と「実践(試験テクニック)」をバランスさせたものを目指しており,理論をしっかり学びたい学生にとっても,手っ取り早く問題の解き

方を知りたい学生にとっても需要が高いものになると考えている。

　本書の付録（過去問集）では，ME 2種について第23回（2001年），国家試験について第15回（2002年）以降の問題・解答を収録する予定であったが，全体のページ数が増えすぎてしまったため，ME 2種については第28回（2006年），国家試験については第19回（2006年）以降のものにとどめた。本書に収録できなかった分，および本書発刊後のME 2種・国家試験問題に関しては，コロナ社のWebページ（http://www.coronasha.co.jp/）の本書の書籍紹介に掲載する予定である。本書と合わせて活用していただきたい。

　本書は臨床工学技士を養成する大学・専門学校などの教科書として使用されることを想定しているが，独学で勉強する学生にとっても十分に利用できるように配慮したつもりである。本書がME2種・国家試験合格の一助になれば幸いである。

2014年1月

西村　生哉

目 次

1. 直 流 回 路

1.1 電気素子の記号 … 1
1.2 オームの法則 … 2
1.3 抵 抗 の 接 続 … 3
1.4 電流計・電圧計 … 9
   1.4.1 原　　　理 … 9
   1.4.2 記号とつなぎ方 … 9
1.5 入力インピーダンス・出力インピーダンス … 11
1.6 ホイートストンブリッジ … 17
1.7 キルヒホッフの法則 … 19
1.8 電　　　力 … 22
1.9 抵抗率・導電率 … 23
本章のまとめ … 26

2. 交 流 回 路

2.1 振幅, 周期, 周波数, 実効値, 位相 … 28
2.2 交流を表す数式 … 34
2.3 コイルとコンデンサ … 36
   2.3.1 コ　イ　ル … 36
   2.3.2 コンデンサ … 38
2.4 *RLC* 直列回路 … 40
   2.4.1 インピーダンス … 41

   2.4.2 共　　　　振 …………………………………………… *42*
2.5 交流回路の計算 ……………………………………………… *43*
2.6 *RLC* 並列回路 ………………………………………………… *47*
2.7 フ　ィ　ル　タ ………………………………………………… *51*
2.8 過　渡　現　象 ………………………………………………… *55*
2.9 ダ　イ　オ　ー　ド …………………………………………… *62*
   2.9.1 ダイオードの働き ………………………………………… *62*
   2.9.2 ダイオードまわりの電圧 ………………………………… *64*
   2.9.3 実物のダイオード ………………………………………… *72*
   2.9.4 ダイオードの種類 ………………………………………… *73*
本章のまとめ ………………………………………………………… *74*

3. 電　磁　気　学

3.1 電　　　　荷 ………………………………………………… *81*
3.2 電　　　　場 ………………………………………………… *82*
3.3 電　　　　位 ………………………………………………… *85*
3.4 コンデンサの性質 ……………………………………………… *87*
   3.4.1 静　電　容　量 …………………………………………… *87*
   3.4.2 コンデンサの接続 ………………………………………… *90*
   3.4.3 コンデンサのエネルギー ………………………………… *94*
3.5 磁気関係の言葉 ………………………………………………… *97*
3.6 電流による磁場 ………………………………………………… *100*
3.7 電流，磁場，力 ………………………………………………… *102*
3.8 電　磁　誘　導 ………………………………………………… *105*
   3.8.1 電　磁　誘　導 …………………………………………… *105*
   3.8.2 トランス（変圧器） ……………………………………… *108*
   3.8.3 インダクタンス …………………………………………… *112*
3.9 そ　の　他 ……………………………………………………… *114*
   3.9.1 静電界中の導体 …………………………………………… *114*
   3.9.2 電　気　力　線 …………………………………………… *114*

3.9.3 渦　電　流 …………………………………………………… *114*
3.9.4 単　　　位 …………………………………………………… *115*
本章のまとめ ……………………………………………………………… *116*

付　　録

A. 第2種 ME 技術実力検定試験 ……………………………………… *120*
　A.1 問題（電気回路抜粋） ………………………………………… *120*
　A.2 解　答・解　説 ………………………………………………… *134*
B. 臨床工学技士国家試験 ……………………………………………… *153*
　B.1 問題（電気回路抜粋） ………………………………………… *153*
　B.2 解　答・解　説 ………………………………………………… *183*
索　　　引 ………………………………………………………………… *213*

1. 直流回路

　直流回路は電気回路の基本である。オームの法則とキルヒホッフの法則を理解していれば，原理的にはほとんどの問題は解ける。原理的といったのは，法則を理解していることと問題解答力が必ずしもイコールではないからである。本章では法則の説明に加えて，問題を解くコツを解説しよう。

1.1 電気素子の記号

　オームの法則とキルヒホッフの法則を説明する前に，本章の登場人物を紹介しよう。直流電源（電圧），抵抗，電流，導線（電線）の四つである。

　まずは直流電源。記号は ─|├─ で，長い線（この図では左側）がプラス，短い線（右側）がマイナスを表している。**図1.1**では上がプラス，下がマイナスである。プラス側は E〔V〕（ボルト），マイナス側は0Vと考えてよい。マイナス側の線が太くなっているが，そうしなければならない決まりはなく，後に出てくるよく似た記号（コンデンサ）と区別するために本書ではそうしている。直流電源はつねに一定の電圧を発生する。一番身近な例は電池である。われわれが普段使う単三や単四の電池の電圧は1.5Vであるが，テスト問題ではいろいろな電圧の電源が登場する。図1.1では E〔V〕となっている。

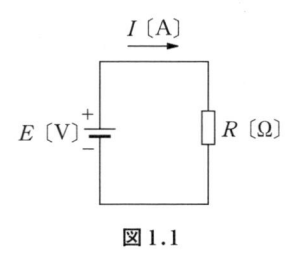

図1.1

　つぎは抵抗。名前のとおり，これが大きいと電流が流れにくくなる。記号は

─▭─。以前は ─w─ という記号が使われていた。そのなごりで現在でも抵抗を ─w─ で表している教科書が多く存在する。最近のME2種や国家試験では ─▭─ が使われているが，過去問では ─w─ になっている。単に記号が変わっただけなので，大きな問題ではないし，混乱することもないだろう。本書では（過去問以外の説明では）これ以降，─▭─ を用いることにする。抵抗の単位はΩ（オーム）。図1.1の抵抗はR〔Ω〕である。─|├─は電池を表すといったが，実際の電池は内部に抵抗を持っている（内部抵抗）。─|├─は内部抵抗などなく，純粋に電圧だけを発生するデバイスを表しているので，実際の電池を表現するときには図1.2のように表すことがある。破線内が電池であり，これは起電力E〔V〕，内部抵抗R〔Ω〕の電池である。

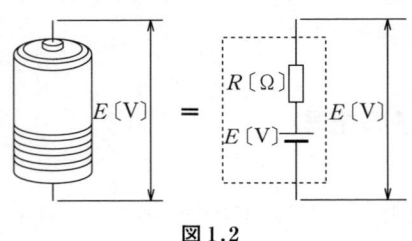

つぎは電流。これは目には見えないので記号はない。単位はA（アンペア）で，図1.1の回路にはI〔A〕の電流が流れている。電流は電圧の高いほうから低いほうへ（プラスからマイナスへ）と流れるので，図1.1の場合は矢印で示した方向に電流が流れることになる。

図1.2

最後は導線。記号は ─── で，要するに単なる線で表現される。実際の導線にはきわめて小さいながら抵抗があるが，特にことわりがない限り，抵抗0の電流の通り道と考えてよい。

1.2 オームの法則

オームの法則を言葉でいうと「電圧と電流は比例する」となる。1Vで1A流れる回路の電源を2Vにすると，電流は2Aになる。このときの抵抗は1Ωだが，抵抗を2倍の2Ωにして1Vの電圧をかけると，流れる電流は0.5Aになる。これを式で表すと

$$E = IR \tag{1.1}$$

となる。

例えば、図 1.1 において $E=10\,\mathrm{V}$, $R=1\,\mathrm{k\Omega}$ としてみよう（**図 1.3**）。流れる電流は $I=E/R=10/1\,000=0.01\,\mathrm{A}=10\,\mathrm{mA}$ となる。ちなみに $1\,\mathrm{k\Omega}$ は 1 キロオームで 1 000 オームのこと、$10\,\mathrm{mA}$ は 10 ミリアンペアで 0.01 アンペアのことである。

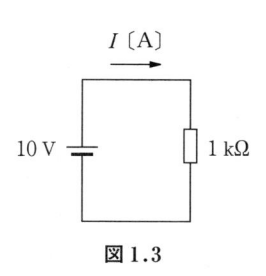

図 1.3

1.3 抵抗の接続

図 1.1 および図 1.3 の回路では抵抗は 1 本だけであるが、複数本の抵抗が接続される場合は、そのつながり方に直列接続と並列接続がある。図で示すと**図 1.4** のとおりで（a）が直列接続、（b）が並列接続である。テストに出るわけではないが、並列を平列と書くと誤りである（というか、はずかしい）ので注意しよう。

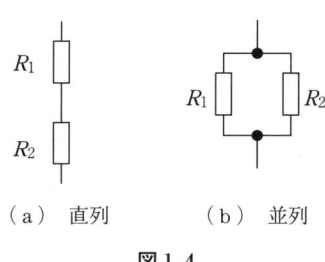

図 1.4

さて、このように複数本の抵抗が接続される場合で問題となるのは、その合成抵抗である。例えば**図 1.5**（a）の電流 I が知りたい場合、図（b）のように R_1 と R_2 の合成抵抗 R がわかれば、オームの法則 $I=E/R$ で求めることができる。

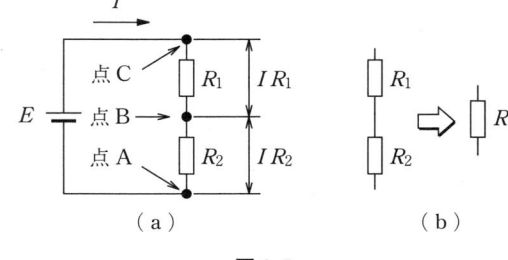

図 1.5

図 1.4（a）の直列接続の場合は簡単で

$$R = R_1 + R_2 \tag{1.2}$$

となる。これは直感的に理解できるであろう。例えば $E=10\,\mathrm{V}$, $R_1=3\,\Omega$, R_2

$=2\,\Omega$ であれば $R=3+2=5\,\Omega$ となり,電流は $I=10/5=2\,\mathrm{A}$ である。

さて,オームの法則によれば 電流×抵抗=電圧 であった。抵抗 R_1 には I の電流が流れているのだから IR_1 〔V〕の電圧がかかっているはずで,また抵抗 R_2 にも I の電流が流れているのだから IR_2 〔V〕の電圧がかかっているはずである。上の数値を入れると,R_1 にかかっている電圧は $2\times 3=6\,\mathrm{V}$,R_2 にかかっている電圧は $2\times 2=4\,\mathrm{V}$ となる。当然この二つを足せば電源電圧 $10\,\mathrm{V}$ になる。このように,抵抗を直列に接続すると電圧を分けることができる。図 1.5 の点 A を基準($0\,\mathrm{V}$)として考えると,点 B の電位(基準から測った電圧)は $4\,\mathrm{V}$ で,点 C の電位は $10\,\mathrm{V}$ である。電流の通る順番に見ると C($10\,\mathrm{V}$)→ B($4\,\mathrm{V}$)→ A($0\,\mathrm{V}$)であり,抵抗を通るたびに電圧が下がる。この現象を電圧降下という。

例題 1.1 図 1.6 の $10\,\Omega$ の抵抗の両端にかかる電圧は何 V か。

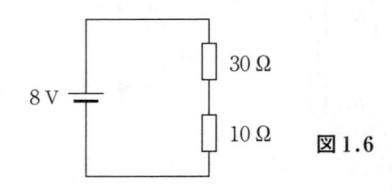

図 1.6

解答

合成抵抗は $30+10=40\,\Omega$,電源電圧が $8\,\mathrm{V}$ だから,流れる電流は $8/40=0.2\,\mathrm{A}$ である。この電流は $30\,\Omega$ の抵抗にも $10\,\Omega$ の抵抗にも流れている。$10\,\Omega$ の抵抗に $0.2\,\mathrm{A}$ の電流が流れるのだから,そこにかかっている電圧は $0.2\times 10=2\,\mathrm{V}$ となる。$30\,\Omega$ の抵抗には $6\,\mathrm{V}$ の電圧がかかっている。抵抗比が $30\,\Omega:10\,\Omega=3:1$,電圧比も $6\,\mathrm{V}:2\,\mathrm{V}=3:1$ で同じになる。それを知っていれば,この問題は「8 を二つに分けて 3:1 になるのは?」という問題に単純化される。 ◆

つぎに,並列接続の場合(**図 1.7**)を考えてみよう。このとき合成抵抗 R は

1.3 抵抗の接続

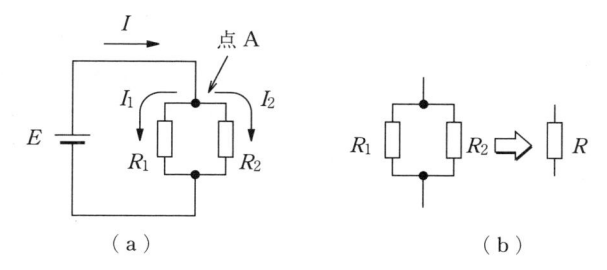

図1.7

$$R = \frac{1}{\dfrac{1}{R_1} + \dfrac{1}{R_2}} = \frac{R_1 \times R_2}{R_1 + R_2} \tag{1.3}$$

となる。直列接続に比べてややこしい式なので，覚えておくこと。$E=10\,\mathrm{V}$，$R_1=3\,\Omega$，$R_2=2\,\Omega$ であれば $R=(3\times2)/(3+2)=6/5\,\Omega$ となり，電流は $I=10/(6/5)=25/3(=8.33)\,\mathrm{A}$ である。そうなる理由を以下で説明しよう（ただし，理由そのものはテストには出ない）。

図1.7に示したように，回路を流れる電流 I は回路の分岐点（点A）で電流 I_1 と I_2 に枝分かれする。ポイントは二つあり，一つ目は $I=I_1+I_2$ になるということ。これは直感的にわかるだろう。電流は理由もなしに増えたり減ったりしないのである。二つ目のポイントは，2個の抵抗にはどちらも同じ E〔V〕の電圧がかかっているということ。抵抗 R_1 に注目すると電圧が E で電流が I_1 だから $E=I_1R_1$，つまり $I_1=E/R_1$ である。同様に，R_2 のほうは $I_2=E/R_2$ である。これに最初のポイントを適用すると

$$I = I_1 + I_2 = \frac{E}{R_1} + \frac{E}{R_2} = E\left(\frac{1}{R_1} + \frac{1}{R_2}\right)$$

$$\therefore \quad \frac{E}{I} = \frac{1}{\dfrac{1}{R_1} + \dfrac{1}{R_2}} = \frac{R_1 \times R_2}{R_1 + R_2}$$

となり，すなわち合成抵抗 R は式 (1.3) で表されることがわかる。

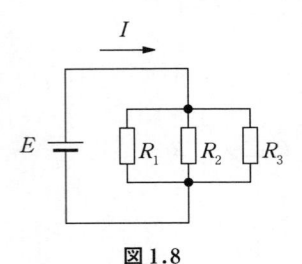

間違えやすいのは三つ以上の抵抗が並列になった場合である。例えば**図1.8**の合成抵抗は $(R_1 \times R_2 \times R_3)/(R_1+R_2+R_3)$ としてしまいがちだがじつは違う。考え方は上に示したものでよいのだが，最後の計算部分が

図1.8

$$\frac{E}{I} = \frac{1}{\dfrac{1}{R_1}+\dfrac{1}{R_2}+\dfrac{1}{R_3}} = \frac{R_1 \times R_2 \times R_3}{R_1 \times R_2 + R_2 \times R_3 + R_3 \times R_1}$$

となる。抵抗が四つになるとさらに複雑になる。これらを全部覚えるわけにはいかない。ほとんどの場合，試験に出るのは抵抗二つの並列接続であるから $(R_1 \times R_2)/(R_1+R_2)$ を覚えておけばよいが，三つ以上の場合は

$$\frac{1}{\dfrac{1}{R_1}+\dfrac{1}{R_2}+\cdots}$$

の式で計算することにしよう。

例題1.2 **図1.9**の回路（a）〜（c）で電圧 E〔V〕，抵抗 R_1〔Ω〕，R_2〔Ω〕，R_3〔Ω〕がわかっている。抵抗 R_1 に流れる電流 I_1〔A〕，R_2 に流れる I_2〔A〕，R_3 に流れる I_3〔A〕を求めよ。

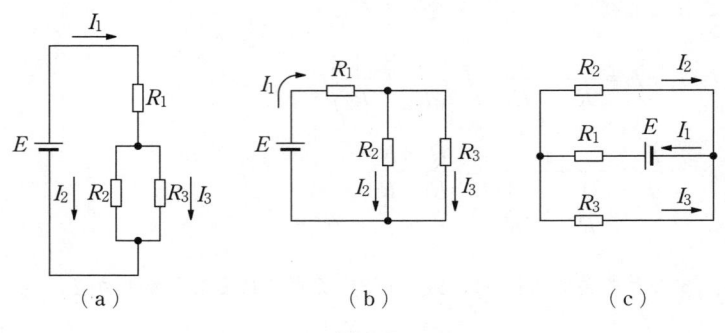

（a）　　　　　　（b）　　　　　　（c）

図1.9

1.3 抵抗の接続

解　答

オームの法則および合成抵抗の考え方で解ける。順を追って考えれば難しいことはない。まずは（a）から考えよう。考え方は以下の順である（**図1.10**参照）。

① R_2 と R_3 の合成抵抗 R_{23} を並列接続の考え方で求める。
② R_1 と R_{23} の合成抵抗 R（これが全体の合成抵抗になる）を直列接続の考え方で求める。
③ オームの法則で電流 I_1 が求まる。
④ 合成抵抗 R_{23} にかかっている電圧 E_{23} を求める。
⑤ オームの法則で電流 I_2 と I_3 を求める。

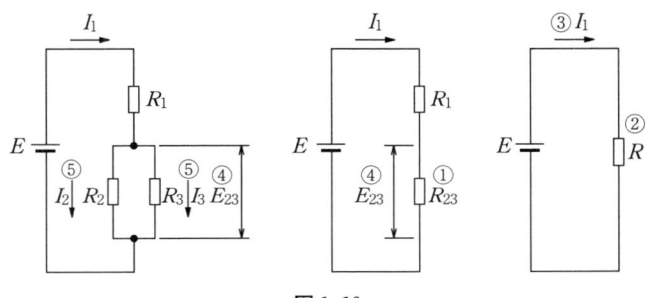

図 1.10

では，具体的に計算してみよう。

① R_2 と R_3 の合成抵抗 R_{23} は式（1.3）から $R_{23} = (R_2 \times R_3)/(R_2 + R_3)$ である。
② R_1 と R_{23} の合成抵抗 R は式（1.2）から $R = R_1 + R_{23}$ である。
③ よってオームの法則（式（1.1））から電流 $I_1 = E/R$ である。
④ 合成抵抗 R_{23} にかかっている電圧 E_{23} は $E_{23} = I_1 R_{23}$ である。
⑤ 抵抗 R_2 を流れる電流 I_2 は $I_2 = E_{23}/R_2$，抵抗 R_3 を流れる電流 I_3 は $I_3 = E_{23}/R_3$ である。

計算そのものは電気回路というより初等数学であり，これは一所懸命にやってもらうしかない。

では，つぎに問題図の（b）の回路について考えてみよう。その前に**図1.11**の二つの回路を見てもらいたい。抵抗の位置が違っているが，これは単に図の描き方によるものであり，この二つの回路は同じものである。それを頭に置いて問題図の（a）と（b）の回路を比べてみよう。じつは，（a）と（b）の回路はまったく同じものである。したがって，解き方も答も上と同じになる。

8 　1. 直　流　回　路

(a) 　　　　　　　　(b)

図 1.11

　最後に，問題図の（c）の回路について考えてみよう．じつは，これも（a）の回路と同じである（ということは（b）の回路とも同じである）．**図 1.12** に示すとおり，（a）の破線でつながっている電源 E と抵抗 R_1 が（c）では R_2 と R_3 の並列部の内側にきていて，さらに全体が 90 度回転しているだけで，回路的にはまったく同等である．したがって，解き方も答も上と同じになる．　　　　　　　　　　◆

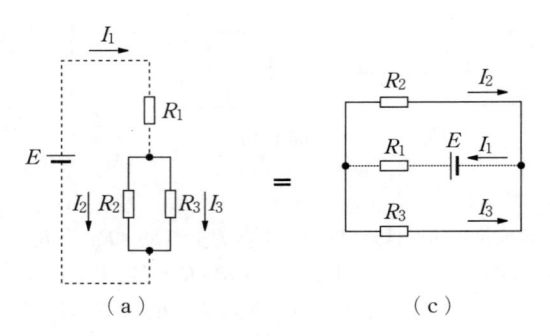

(a) 　　　　　　　　(c)

図 1.12

　（a）の図が与えられたときは解けるのに，（b）や（c）の場合は解けなくなってしまうという人が多い．それはもったいない話である．複雑そうに見える回路をわかりやすい回路に描き直して考えるというのは，直流回路に限らず電気回路攻略の基本である．この基本を使いこなすには演習の数をこなすしかない．要するに慣れである．本書の例題や過去問を解いてコツをつかんでいただきたい．

1.4 電流計・電圧計

1.4.1 原理

電気に欠かせない計測器，電流計と電圧計。その原理を説明しよう。ちなみにアナログ式とデジタル式があるが，ここではアナログ式について説明する。

図1.13は電流計の原理図である。電線をクルクル巻いたものをコイルというが，これに電流を流すと磁石になる。いわゆる電磁石というものである（詳細は3章で説明する）。電磁石の強さは流れる電流に比例する。コイルの近くに磁石を置き，針とばねを接続する。さて，コイルに電流が流れると電磁石と磁石が引き合い（または反発し合い），その力の分だけばねが伸びる（または縮む）。1Aの電流が流れたときにばねが何mm伸びる（縮む）かをあらかじめ調べておき，それを表示板に描いておけば電流計のできあがりである。簡単な原理でしょう。コイルにつながっている抵抗は電流計の内部抵抗である。

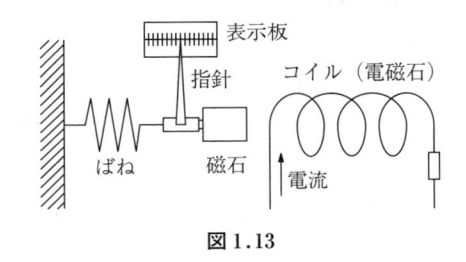

図1.13

つぎは電圧計。といってもほとんど説明することはない。原理図は電流計と同じで，電圧計に電圧がかかると，内部抵抗を介して電流が流れる。あとは電流計と同じ理屈で針が振れるわけである。

電流計の内部抵抗は小さくしなければならず（理想は0Ω），電圧計の内部抵抗は大きくしなければならない（理想は無限大）。

ちなみに，ここで述べた原理はアナログテスターの原理であり，ディジタルテスターは別の原理が用いられている。

1.4.2 記号とつなぎ方

記号とつなぎ方は**図1.14**のとおり。電流計は，丸にAで，直列につなぐ。

10   1. 直 流 回 路

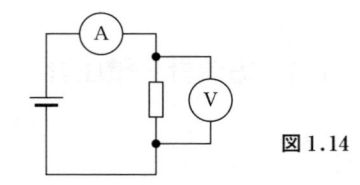

図 1.14

電圧計は，丸に V で，並列につなぐ。

例題 1.3　内部抵抗 100 kΩ の直流電圧計の測定範囲を 10 倍にしたい。正しいのはどれか。

（1）　1 MΩ の抵抗を電圧計に並列接続する。
（2）　990 kΩ の抵抗を電圧計に直列接続する。
（3）　1.1 MΩ の抵抗を電圧計に並列接続する。
（4）　900 kΩ の抵抗を電圧計に直列接続する。
（5）　100 kΩ の抵抗を電圧計に並列接続する。

解答

図 1.15 で破線が電圧計である。このように直流電圧計（電流計）は，電気回路的には一つの抵抗として表される。電圧計は測定したいものに並列につなぐ。1 V の電源につながれた抵抗を測定するとしよう。並列につながれているので電圧計にも 1 V がかかる。内部抵抗が 100 kΩ だから電圧計には 10 μA の電流が流れる（μ（マイクロ）は m（ミリ）と同じ SI 接頭辞で 10^{-6} のことである）。測定範囲を 10 倍にするとは 10 V の電源をつないだときに 10 μA の電流が流れるようにしたいということ。そのためには，900 kΩ の抵抗を直列接続して全体の抵抗を 1 MΩ にすればよい。答は（4）である。　◆

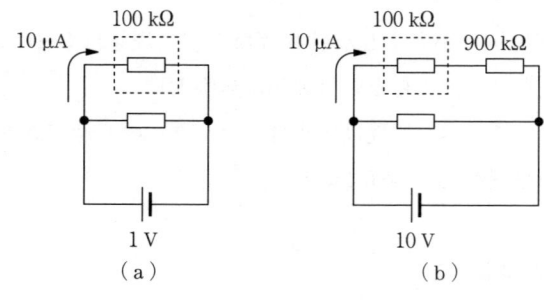

(a)　(b)

図 1.15

1.5　入力インピーダンス・出力インピーダンス

まずは問題。**図1.16**の6Ωの抵抗にかかっている電圧は何Vか。

合成抵抗は10Ωなので電流は1A。したがって，6Ωにかかる電圧は1×6=6Vである。抵抗比が3:2なので10Vを3:2に分けると？　と考えてもよい。

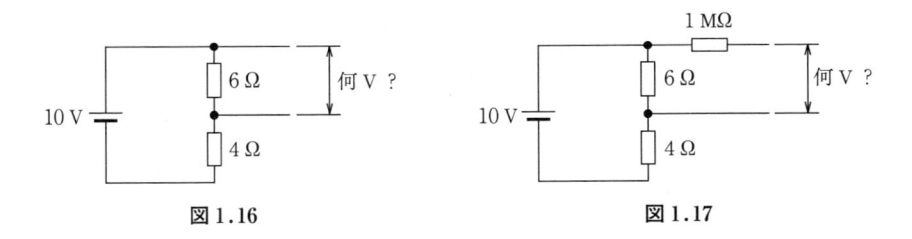

図1.16

図1.17

では，**図1.17**はどうだろう。意外とわからない人が多いのではないだろうか。答は図1.16と同じで6Vである。1MΩの抵抗の左側は回路につながっているが，右側はどこにもつながっていない。ということは1MΩの抵抗には電流が流れていない。オームの法則$E=IR$を当てはめると$I=0$なので$E=0$となり，1MΩの抵抗には電圧がかかっていないことになる。つまり，この1MΩの抵抗には電圧降下がない。言い方を変えると**図1.18**のAB間の電圧は0，すなわち点Aと点Bは同電位である。したがって，図1.18の①部分が6Vなら②部分も6Vとなる。このように電流の流れていない抵抗の両端には電圧差がない（同じ電圧になる）ということは，あとで出てくるダイオードまわり

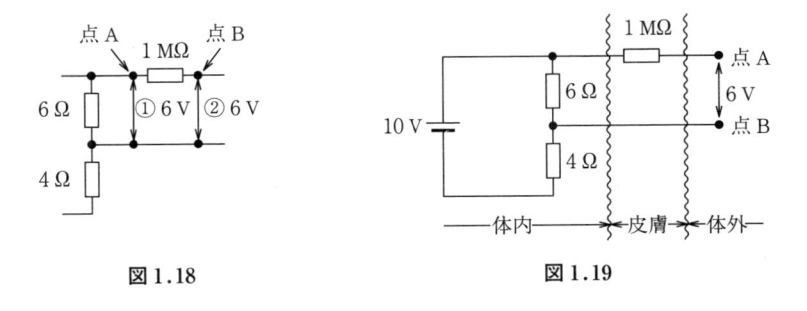

図1.18

図1.19

の電圧を考えるときに重要になってくる。

さて，生体は図 1.17 のような構造をしている。模式的に描けば**図 1.19** となる。体内には心臓や筋肉など電圧を発生する臓器が存在する（心電図や筋電図でおなじみ。ただし 10 V もの電圧は発生しない。図 1.19 はあくまで模式図）。生体の主成分は塩水なので電気の良導体である（低い電気抵抗）。体表には皮膚があり，これは汗などの状態にもよるが 1 MΩ 程度の抵抗がある。

健康診断で心電図をとられたときのことを思い出そう。体表に電極を置いて測定されたはずである。図 1.19 でいえば点 A と点 B の電圧を測定したことになる。AB 間の電圧は 6 V と測定されなければならない。

この話がどこに落ち着くか，もう少しだけご辛抱を。

電圧を測定するには電圧計を用いる。例題 1.3 にならって，内部抵抗 100 kΩ の電圧計を使ったとしよう（**図 1.20**）。回路をわかりやすく描き直すと**図 1.21** になる。この 100 kΩ の抵抗に何 V の電圧がかかっているか（つまり電圧計が何 V を指すか）を計算してみよう。1 MΩ と 100 kΩ は直列につながっているので合成抵抗は 1.1 MΩ である。これと 6 Ω が並列につながっているので合成抵抗は $(6 \times 1.1 \times 10^6) / (6 + 1.1 \times 10^6) ≒ 6\,\Omega$ となる（電流は抵抗の小さいほうに流れるので，極端に大きい抵抗と極端に小さい抵抗が並列につながっている場合，合成抵抗は小さいほうに引っ張られるわけである）。最後に，これに 4 Ω が直列につながっているので全体の合成抵抗は 10 Ω である。したがって，流れる電流 I は 1 A になる。この I は I_1 と I_2 に枝分かれする。さて，

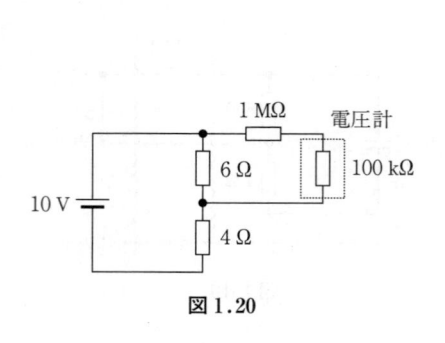

図 1.20

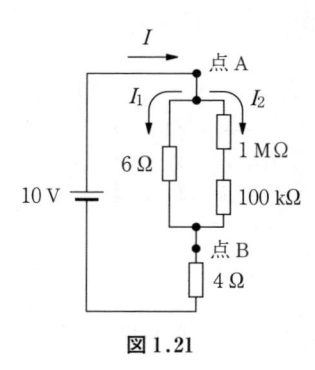

図 1.21

図 1.21 の点 A から点 B までの合成抵抗はいま計算したとおり 6Ω なので，AB 間には 6V の電圧がかかっている。直列につながっている 1MΩ と 100kΩ（合成抵抗 1.1MΩ）には $I_2 = 6/1.1\,\mathrm{M\Omega} = 5.4\,\mathrm{\mu A}$ の電流が流れており（残りは I_1 となる），100kΩ の抵抗にかかっている電圧は $5.4\,\mathrm{\mu A} \times 100\,\mathrm{k\Omega} = 0.54\,\mathrm{V}$ となる。お疲れさまでした。って，これで納得してはいけない。

100kΩ は電圧計の内部抵抗であった。すなわち，この電圧計は 0.54V を示すということだ。図 1.21 → 図 1.20 → 図 1.19 とさかのぼってみると，本来ここは 6V と表示されなければならない。ところが実際の表示は 0.54V。これでは使いものにならない。

なぜこのようなことが起こったか。すべての元凶は皮膚抵抗 1MΩ である。これは生体からの電気信号の出力部分にあたるので出力インピーダンスという。インピーダンスとは抵抗のことだと思っておいてよい（正確な意味は交流回路のところで説明する）。もし皮膚抵抗 1MΩ がなかったらどうなるか？その場合，回路は**図 1.22**のようになり，100kΩ にかかる電圧は 6V となる（自分で計算してみること）。つまり，皮膚に針を突き刺して電圧を測れば正しい電圧を測ることができる。

というわけで，生体のような出力インピーダンスが高い信号源を測定する場合には，出力インピーダンスをキャンセルしなければ正確な測定ができない。手っ取り早い方法は生体に電極針を刺して測定するというものだが，心電図測

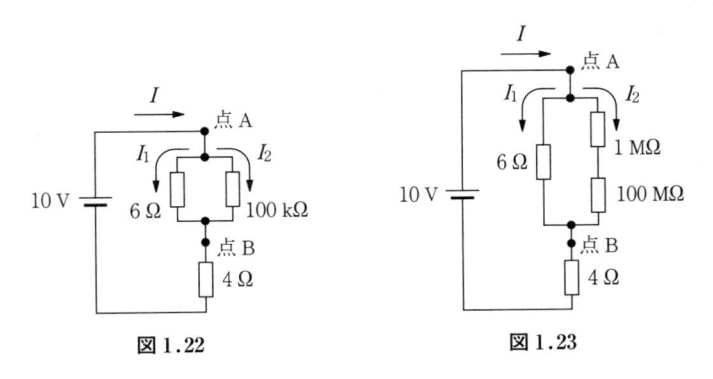

図 1.22

図 1.23

定の場合，電極針など刺さずに，直接皮膚に電極をつけて測定している。つまり，針を刺す以外にも出力インピーダンスをキャンセルする方法があるのである。それが，測定器側のインピーダンスを高くする，すなわち入力インピーダンスの高い測定器を用いるという方法である。

具体的には図1.23で，この図では図1.21の100 kΩ（電圧計の内部抵抗）が100 MΩ になっている。先ほどと同じように計算してみると，1 MΩ と100 MΩ は直列につながっているので合成抵抗は101 MΩ（直列の場合は合成抵抗は高いほうに引っ張られる），これと6 Ω が並列につながっているので，合成抵抗はほぼ6 Ω（低いほうに引っ張られている），これに4 Ω が直列につながっているので，全体の合成抵抗は10 Ω，流れる電流 I は1 A。AB 間には6 V の電圧がかかっており，1 MΩ と100 MΩ（合成抵抗101 MΩ）には $I_2=$ 6/101 MΩ ≒ 60 nA（ナノアンペア，ナノは 10^{-9} のこと）の電流が流れていて，100 MΩ の抵抗にかかっている電圧は 60 nA×100 MΩ＝6 V となる。

これでめでたく体に針を刺さなくても体内の信号を測定できた。

以上，説明が長くなってしまったが，この件に関しては上で示した計算は試験に出たことはない。試験に出るのは「出力インピーダンスが高い信号を測定するためには，測定器の入力インピーダンスを高くしなければならない」という知識である。

例題 1.4　微小生体電気現象計測用測定器は入力インピーダンスが高い。そのおもな理由はどれか。

（1）増幅器雑音を少なくするため。
（2）外乱雑音を少なくするため。
（3）信号源インピーダンスが大きいため。
（4）ドリフトの影響をなくすため。
（5）増幅器のオフセット電圧を小さくするため。

解答
もちろん答は（3）。　　　　　　　　　　　　　　　　　　　　◆

1.5 入力インピーダンス・出力インピーダンス　15

本項の内容は「出力インピーダンスが高い信号を測定するためには，測定器の入力インピーダンスを高くしなければならない」という知識およびその理由である。理由部分は試験に出ないので読み飛ばしてもいいわけだが，しっかりと理由を理解した知識は忘れにくいし，理由の解説部分は直流回路計算のよい演習にもなるので，漫然と読んでしまった人は電卓などを使いながら，一度は自分で計算して納得することをお勧めする。

例題 1.5　図 1.24 のように，テレメータ心電図モニタで心電図をモニタしていた。このテレメータの入力回路の入力インピーダンスは 10 MΩ で，両電極の生体接触インピーダンスはそれぞれ 50 kΩ であった。このテレメータの電極リード差込口に生理食塩水が垂れて，差込口間の抵抗が 20 kΩ になった。この場合，受信モニタで観測される R 波の大きさは本来の大きさのおよそ何 % になるか。

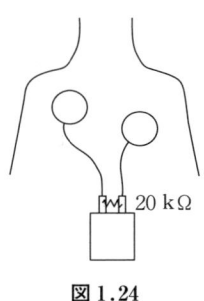

図 1.24

（1）120　（2）40　（3）20　（4）17　（5）0.2

解答

一読しただけでは意味がわかりにくいし，生体物理的な問題のようにも思える。しかし，じつは単純な電気回路の問題なのである。ME 2 種や国家試験にはこのような「医学的な問題のふりをした単なる電気（あるいは機械）の問題」というのが多く出題される。また，この問題は意味がわかったとしてもまじめに解くとそれなりに計算が面倒である。しかし，ポイントをつかみ適切な近似を行えば，意外にあっさり解ける。その辺のコツを含めて説明しよう。

まず，テレメータとか心電図という言葉に惑わされず問題図を回路図に描き直してみると，**図 1.25**（a）のようになる（10 MΩ と 20 kΩ が並列になる点に注意）。電極リード差込口に食塩水を垂らすなどというミスをしなければ（b）の状態だったはずである。この（a）と（b）を導けるかが第一のポイントとなる。そして，設問は本来の信号の大きさに比べて，ミスしたときの信号の大きさはどうなるか？ という内容であり，信号の大きさとは 10 MΩ にかかっている電圧のことである。ま

16　　1.　直　流　回　路

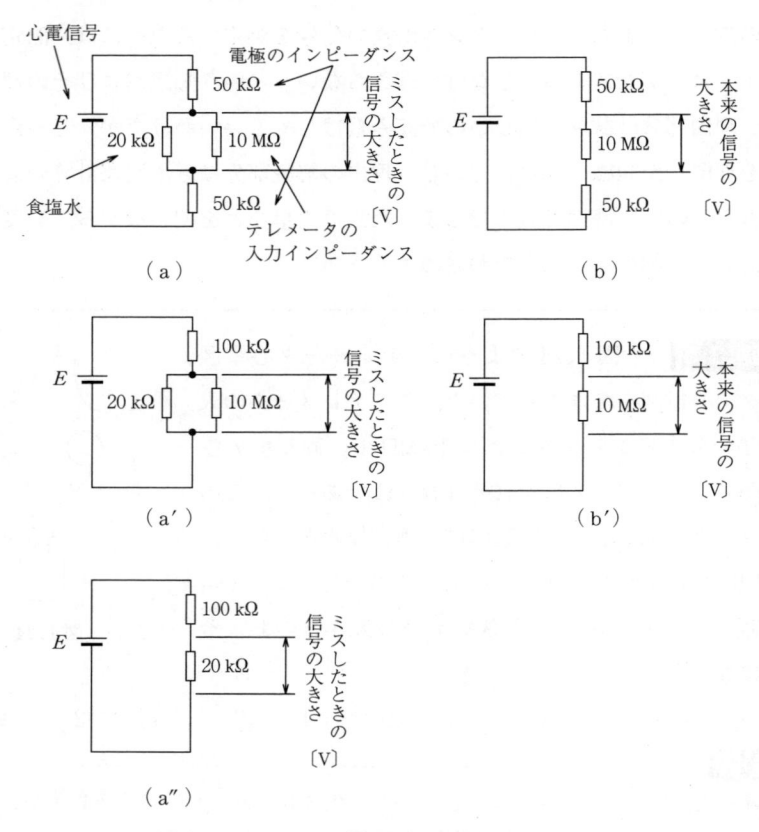

図 1.25

た，抵抗の順番は関係ないので電極のインピーダンスをまとめて（a′）（b′）の回路を得る。（a′）には 10 MΩ と 20 kΩ の並列接続があるが，ここの合成抵抗をまじめに計算すると 19.96 kΩ となる。10 MΩ という大きい抵抗と 20 kΩ という（10 MΩ に比べて）小さい抵抗（500 倍違う）が並列になっていると，ほとんどの電流は小さい抵抗のほうを流れるので，実質的な抵抗は小さい抵抗値（この場合は 20 kΩ）になるのである。というわけで（a′）は（a″）と描ける。

さて，心電信号 E は本来，非常に小さい値だが，本問ではミス前後の信号の大きさの％を問うているので，わかりやすく $E = 100$ V などとして計算してもよい。ここまでくれば，本問は抵抗を直列に接続して電圧を分ける問題に帰結できる。（a″）のほうは「100 V を二つに分けて 100 kΩ : 20 kΩ = 5 : 1 になるのは？」であり，（b′）は「100 V を二つに分けて 100 kΩ : 10 MΩ = 1 : 100 になるのは？」である。100 V を

二つに分けて 5:1 になるのは，83.3 V : 16.7 V で，20 kΩ には 16.7 V がかかっており，これがミスしたときの信号の大きさである。100 V を二つに分けて 1:100 になるのは 1 V : 100 V である。本当は 0.99 V : 99 V だが抵抗値が 100 倍も違う場合はこのような雑な近似でもよい。したがって，本来の信号の大きさは 100 V となる。すなわち，正しい接続では心電信号が正しく測定されているわけである。これがミスのせいで 16.7 V と測定されてしまうわけで，答は本来の信号の約 17 %，すなわち（4）ということになる。

このように，設問の言葉に惑わされずこれが単なる電気回路の問題であるという本質を見抜く力，極端に大きさの違う抵抗が接続されている場合の近似計算の仕方，心電信号自体は小さいが割合を聞かれているので E を自分にとって都合のよい値に設定してもよい数学的根拠など，本問から学ぶべき点は多い。　　　　◆

1.6　ホイートストンブリッジ

図 1.26 の回路をホイートストンブリッジという。ホイートストンブリッジのポイントはただ一つ，「$R_1R_4 = R_2R_3$（向かい合う抵抗の積が等しい）のときに真ん中の電流計に電流が流れない」という点である。逆にいうと R_1, R_2, R_3 がわかっているときに AB 間に電流が流れないためには R_4 をどのように定めればよいかという問題となる（答は $R_4 = R_2R_3/R_1$）。これだけの知識で問題は解けるのだが，一応，理由を説明しておこう。図 1.27（a）はホイートストンブリッジを描き直したものである（電流計は描いていない）。電流計に電流が流れないというのは点 A と点 B の電位が同じ，すなわち電圧 E_1 と E_2 が

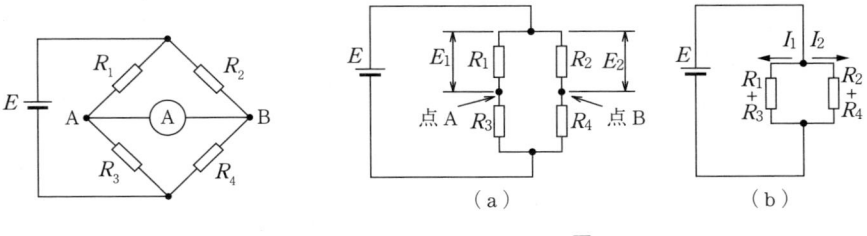

図 1.26

図 1.27

等しいということである。そこで E_1 と E_2 を求めてイコールで結んでみよう。R_1 と R_3 および R_2 と R_4 の直列接続部分は図1.27（b）のように書ける。電流 I_1, I_2 はオームの法則より

$$I_1 = \frac{E}{R_1 + R_3}, \qquad I_2 = \frac{E}{R_2 + R_4}$$

である。すると、R_1 にかかっている電圧 E_1, R_2 にかかっている電圧 E_2 は

$$E_1 = I_1 R_1 = \frac{ER_1}{R_1 + R_3}, \qquad E_2 = I_2 R_2 = \frac{ER_2}{R_2 + R_4}$$

となる。$E_1 = E_2$ とすると、$R_1 R_4 = R_2 R_3$ が導ける。

例題1.6 図1.28のABCDの各辺に1 kΩの抵抗がつながれている。頂点AD間の合成抵抗は何 kΩ か。

図1.28

解答

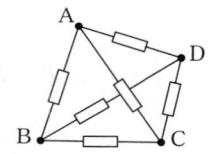

はっきりいってかなり難しい。まず回路を書き直せるか、つぎにこれがホイートストンブリッジの問題だと気づけるかが鍵。そこまでできれば計算はやさしい。問題の回路を書き直すと**図1.29**のようになる。この書き直しに王道はなく、多くの演習をこなして慣れるしかない。とりあえず問題の回路がこのように整理されることを自分で確認してください。そうすると、破線で囲った部分はホイートストンブリッジを構成していることがわかる。ホイートストンブリッジは「向かい合う抵抗の積が等しいとき（この場合は $R_1 R_4 = R_5 R_6$）、真ん中の電流計（この場合は R_3）に電流が流れない」のであるが、いま抵抗の値はすべて1 kΩであるからこの条件を満たしている。つまり、R_3 すなわちBC間には電流が流れない。これはBC間に何もつながっていないのと同じことである。結局、この問題は五つの1 kΩの抵抗が図1.29（d）のようにつながっているときの合成抵抗を求めよ、という内容に単純化される。これを計算すると 0.5 kΩ になる。　◆

（a）

（b）

（c）

BC間には電流が流れない。

（d）

図 1.29

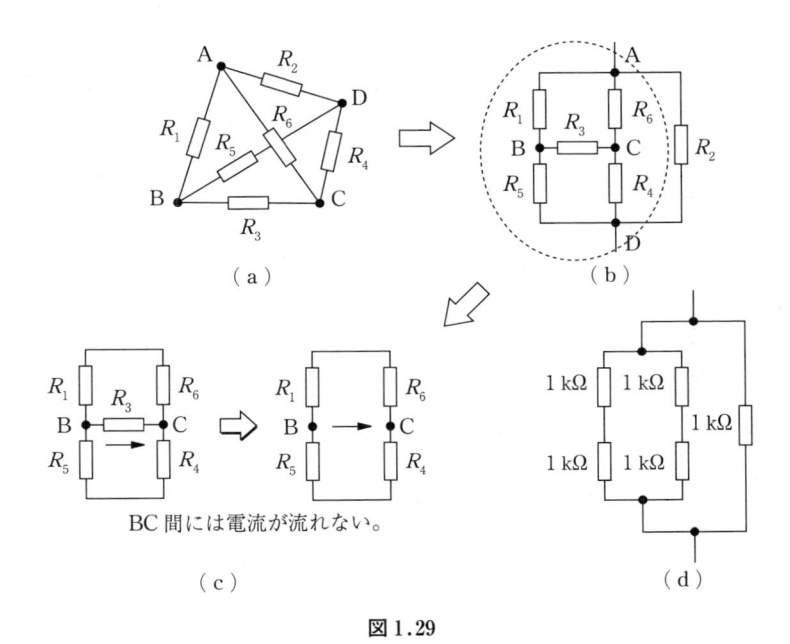

この問題は各辺の抵抗がすべて同じであったのでこのように解くことができるが，もし $R_1 \sim R_6$ の値が異なっていたらコトは重大で，△⇔Y変換[†]という理論を使わなければ解けなくなる。しかし，ME 2 種や国家試験に△⇔Y変換が出題されたことはない。

1.7 キルヒホッフの法則

オームの法則と並んで直流回路の問題を解くのに必須な法則である。第一法則（電流則）と第二法則（電圧則）がある。

[†] 三角形（△形）に接続した抵抗回路とY字形に接続した抵抗回路が等価の回路になるように変換する手法のこと（図 1.30）。

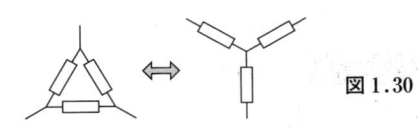

図 1.30

このうち第一法則（電流則）は直感的にも簡単で，言葉で書けば「ある点に流れ込んだ電流の合計と流れ出た電流の合計は等しい」となり，**図 1.31** において式で書けば $I_1 = I_2 + I_3$ となる。電流は理由もなしに増えたり減ったりしない，ということで，1.3 節ですでに使っている。

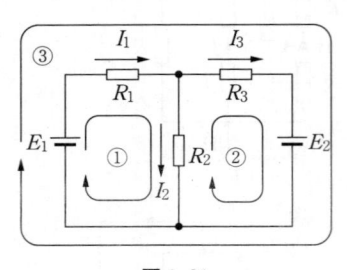

図 1.31

第二法則（電圧則）はこれに比べると少しややこしいが，よく考えると難しくはない。言葉で書けば「閉ループにおける起電力と電圧降下は等しい」となる。図 1.31 では閉ループは①〜③の三つあり，それぞれ

① $E_1 = I_1R_1 + I_2R_2$

② $-E_2 = -I_2R_2 + I_3R_3$

③ $E_1 - E_2 = I_1R_1 + I_3R_3$

となる。

はっきりいってよくわからないと思う。**図 1.32** を見てほしい。これは図 1.31 の回路を模式的に表したもので，水路を水が流れているところをイメージしてもらいたい。この場合，電源 E_1 はポンプであり，高さ E_1 だけ水をくみ上げる。抵抗 R_1 に電流 I_1 が流れると I_1R_1 だけ電圧が下がる（電圧降下）。さて，①の閉ループ部分を見ると $E_1 = I_1R_1 + I_2R_2$ が成り立つのは自明であろう。さらに，閉ループ②の部分では $I_2R_2 = I_3R_3 + E_2$ が，全体の閉ループ③の部分では $E_1 = I_1R_1 + I_3R_3 + E_2$ が成り立っていることがわかるだろう。

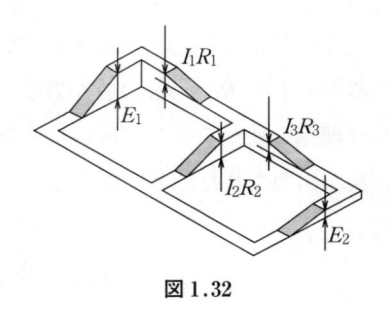

図 1.32

例題 1.7　図 1.33 の回路で正しい式はどれか。

a. $I_1 - I_2 - I_3 = 0$

b. $I_1 + I_2 + I_3 = E_1/R_1$

c. $I_1 R_1 + I_3 R_3 = E_1 - E_3$

d. $I_1 R_1 + I_2 R_2 = E_1 - E_2$

e. $-I_2 R_2 + I_3 R_3 = E_2 + E_3$

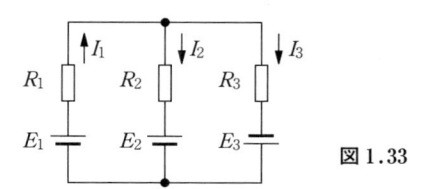

図 1.33

解答

まず，a は正しい（キルヒホッフの第一法則（電流則））。b は第一法則（電流則）でも第二法則（電圧則）でもないでたらめな式。他は第二法則（電圧則）の式。図 1.33 では E_3 の向きが他と逆になっている。これを見落とすと間違える。電源（E_1 〜 E_3）はポンプであり，電圧を上げる。抵抗に電流が流れると，電流の向きに電圧が下がる（電圧降下）。

図 1.34 に示すとおり，閉ループは三つある。まず，全体を回るループ ① から考えよう。点 A を電圧の基準（0 V）に考えると，電圧は E_1 だけ上がり，$I_1 R_1$ だけ下がり，$I_3 R_3$ だけ下がり，E_3 だけ上がり（回路的には E_1 と同じ向き），元に戻る。式にすると $E_1 - I_1 R_1 - I_3 R_3 + E_3 = 0$ であり，c の式に似ているが微妙に違っている。したがって c は誤り。

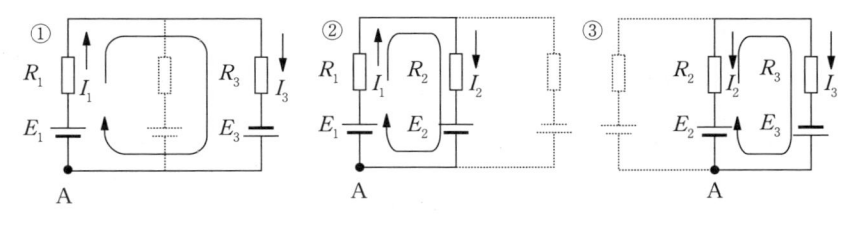

図 1.34

つぎは左側のループ ② である。同じく点 A を基準に考えると，電圧は E_1 だけ上がり，$I_1 R_1$ だけ下がり，$I_2 R_2$ だけ下がり，E_2 だけ下がり（回路的には E_1 と逆向き），元に戻る。式にすると $E_1 - I_1 R_1 - I_2 R_2 - E_2 = 0$ となり，これは d の式である。したがって d は正しい。

最後は右側のループ ③ である。点 A を基準に，電圧は E_2 だけ上がり，$I_2 R_2$ だけ上がり（電流の向きがループと逆），$I_3 R_3$ だけ下がり，E_3 だけ上がり（回路的には E_2 と同じ向き），元に戻る。式にすると $E_2 + I_2 R_2 - I_3 R_3 + E_3 = 0$ となり，これは e の式である。したがって e は正しい。

結局，正しい式は a，d，e の三つである。

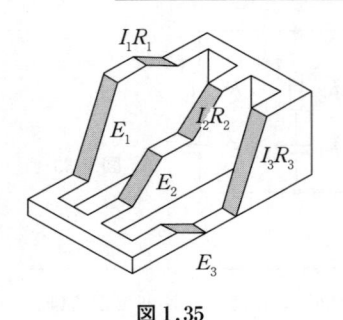

電圧の上がり下がりをイラスト化したものが**図1.35**である。この図を見てキルヒホッフの第二法則（電圧則）のイメージをつかんでもらいたい。ただし，試験中にこんな絵を描いている暇はないので，最終的にはこの図に頼らずに式を導けるようにしなければならない。　◆

図1.35

1.8　電　　力

図1.36の抵抗R〔Ω〕にはE〔V〕の電圧がかかり，I〔A〕の電流が流れている。このとき抵抗で消費される電力P〔W〕は

$$P = IE \tag{1.4}$$

となる。オームの法則$E = IR$を適用すると

$$P = IE = I^2 R = \frac{E^2}{R} \tag{1.5}$$

とも書ける。

図1.36

例題 1.8
図1.37の10Ωの抵抗が消費する電力は何Wか。

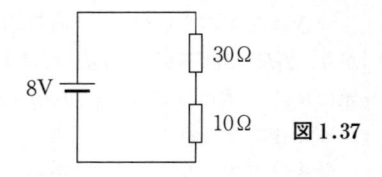

図1.37

解　答
例題1.1と同じ回路であるのでそちらの解説も見てほしい。流れる電流は0.2A，かかっている電圧は2Vなので電力は$0.2 \times 2 = 0.4$Wである。　◆

電力の単位 W はワットと読み，1 W とは「1 秒間に 1 J（ジュール）のエネルギーを消費する」という意味である。電力の問題は機械工学の内容とリンクして出題されることが多い。例えばつぎの例題は，水の比熱 1 cal/g·℃ や熱の仕事当量 1 cal＝4.2 J を知らなければ解けない。

例題 1.9 図 1.38 のように水の中の抵抗に電流を流す。抵抗を 5 Ω，電源を 10 V，水の量を 100 g としたとき，水の温度を 10 ℃ 上昇させるのに何分かかるか。

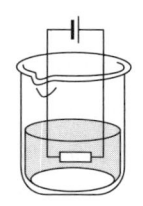

図 1.38

解答

流れる電流は 10 V/5 Ω＝2 A，抵抗で消費される電力は 10 V×2 A＝20 W である。つまり，この抵抗は 1 秒間に 20 J のエネルギーを放出する。水の比熱（1 g の物体を 1 ℃ 温度上昇させるのに必要なエネルギー）は 1 cal/g·℃ であるから，100 g の水の温度を 10 ℃ 上昇させるには 1 cal/g·℃ ×100 g×10 ℃＝1 000 cal の熱量が必要で，これは 1 000×4.2＝4 200 J である。したがって，かかる時間は 4 200/20＝210 秒＝3 分 30 秒となる。　◆

1.9 抵抗率・導電率

金属と石ではどちらが抵抗が大きいか。だれでも石だと答えるだろうが，実は間違いである。といって金属のほうが抵抗が大きいわけではない。これは不適切な問であり，答えられないというのが正解である。例えていえば水と油はどちらが重いかという問と同じで，油は水に浮くので水のほうが重いといいたいところだが，当然ながら少量の水と大量の油では油のほうが重い。この場合，同じ体積で重さを比べなければ意味がない。抵抗にも同じことがいえる。

図 1.39 には二つの鉄棒が描かれているが（a）は細くて長く（b）は太く

図 1.39

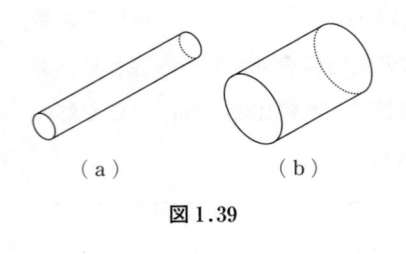

て短い。直感的にわかるだろうが，この二つの材質が同じ場合，（a）のほうが抵抗が大きい，すなわち電気を通しにくい。抵抗は長さに比例し（長いほど抵抗が大きくなり），太さに反比例する（太いほど抵抗が小さくなる）。したがって，ある材質の抵抗の大小をいいたいときには，その形（太さと長さ）を決めておかなければならないのである。そこでわかりやすく，太さすなわち断面積を $1\,\mathrm{m}^2$，長さを $1\,\mathrm{m}$ としよう。要するに $1\,\mathrm{m}$ 四方の巨大なサイコロ状である（**図 1.40**）。このときの抵抗を抵抗率という。抵抗率が ρ であるとき，断面積 $0.5\,\mathrm{m}^2$，長さ $1.5\,\mathrm{m}$ の物体の抵抗 R はいくらになるだろうか（**図 1.41**）。太さが半分なので抵抗は 2 倍となり，長さが 1.5 倍なので抵抗も 1.5 倍となる。すなわち $R=\rho\times 2\times 1.5=3\rho$ である。

図 1.40   図 1.41

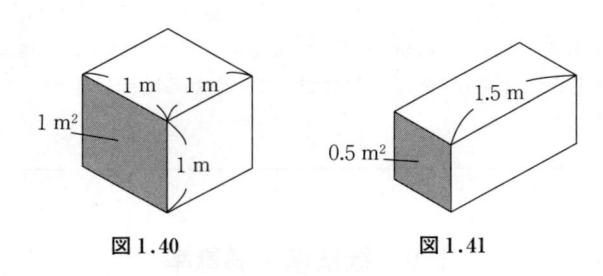

一般に抵抗率 ρ，断面積 $A\,[\mathrm{m}^2]$，長さ $L\,[\mathrm{m}]$ の物体の抵抗 $R\,[\Omega]$ は

$$R=\rho\frac{L}{A} \tag{1.6}$$

となる。抵抗率の単位はこの式からわかり $\Omega\cdot\mathrm{m}$ である。

ところで，最初の問「金属と石ではどちらが抵抗が大きいか」に違和感を覚えた人はいないだろうか。普通，こういう質問は「金属と石ではどちらが電気を通しやすいか」となるだろう。抵抗とは電流の流れにくさのパラメータであるが，こうなると電流の流れやすさを示すパラメータがほしくなる。そこで抵

抗の逆数を考え，これをコンダクタンスと呼び，電流の流れやすさを示すものとする。コンダクタンスは抵抗の逆数なので単位は〔1/Ω〕となるが，これにはS（ジーメンスと読む）という別名がついている。Sだからといってシーメンスといわないように。10Ωの抵抗のコンダクタンスは0.1Sである。

さて，コンダクタンスも抵抗と同じで，その値は材質だけでなく形状に影響される。そこで図1.40のような断面積1m²，長さ1mの物体のコンダクタンスを導電率（電気伝導度）という。では導電率がσであるとき，図1.41の物体の抵抗はいくらになるか。導電率がσということは図1.40のような形のときの抵抗，すなわち抵抗率ρが$\rho=1/\sigma$であるということだ。図1.41の抵抗は3ρだったので，これを導電率σを使って書けば$3/\sigma$となる。

一般に導電率σ，断面積A〔m²〕，長さL〔m〕の物体の抵抗R〔Ω〕は

$$R = \frac{L}{\sigma A} \tag{1.7}$$

となる。導電率の単位はこの式からわかり，1/Ω·m または S/m である。

例題 1.10　　半径r，長さLの丸棒の抵抗をRとする。半径を2倍にしたとき，抵抗は何倍になるか。

解答

太くなるので抵抗は減る。径が2倍なので抵抗は半分になる … とやってはいけない。半径が2倍になると断面積は4倍になるのである。したがって，抵抗は1/4になる。直接断面積を示すのではなく，このように半径（直径）で示される問題も多い。　◆

例題 1.11　　断面積S〔m²〕，長さd〔m〕，導電率σ〔S/m〕の導体に電流密度J〔A/m²〕の電流が流れているとき，導体の電圧降下は何Vか。

解答

電流密度という言葉が出てきたが，これは言葉どおりの意味，すなわち1m四方の面積（=1m²）にJ〔A〕の電流が流れている状態のことで，もし2m²の面積だったら$2J$〔A〕流れるわけである。本問ではS〔m²〕の面積なので，流れる電流は$I=$

SJ 〔A〕となる。また，電圧降下というのはこの物体にかかっている電圧のことと理解してよい。電圧を求めるためには電流と抵抗がわかればよいのだが，電流 I はすでにわかった。抵抗 R は式（1.7）から $R=d/\sigma S$ 〔Ω〕。あとはオームの法則 $E=IR$ を使って電圧降下 $=Jd/\sigma$ とわかる。 ◆

本章のまとめ

- **オームの法則**　　$E=IR$
- **合成抵抗（図 1）**

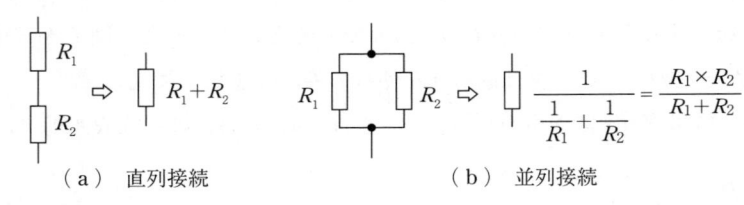

（a）直列接続　　　　　　　　（b）並列接続

図 1

- 出力インピーダンスが高い信号を測定するためには，測定器の入力インピーダンスを高くしなければならない。
- **ホイートストンブリッジ（図 2）**
  $R_1 R_4 = R_2 R_3$（向かい合う抵抗の積が等しい）のときに真ん中の電流計に（つまり AB 間に）電流が流れない。

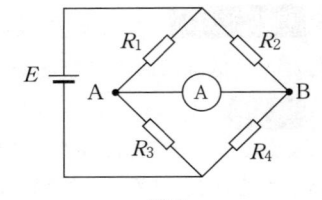

図 2

- **キルヒホッフの法則**
  第一法則（電流則）「ある点に流れ込んだ電流の合計と流れ出た電流の合計は等しい」
  第二法則（電圧則）「閉ループにおける起電力と電圧降下は等しい」
- **電力**

$$P=IE=I^2 R=\frac{E^2}{R}$$　　電力の単位は W（ワット）

- 抵抗率 ρ 〔Ω·m〕，断面積 A 〔m²〕，長さ L 〔m〕の物体の抵抗 R 〔Ω〕は

$$R=\rho\frac{L}{A}$$

導電率 σ 〔S/m〕，断面積 A 〔m²〕，長さ L 〔m〕の物体の抵抗 R 〔Ω〕は

$$R = \frac{L}{\sigma A}$$

Sはコンダクタンス（抵抗の逆数）の単位で読みはジーメンス。

2. 交流回路

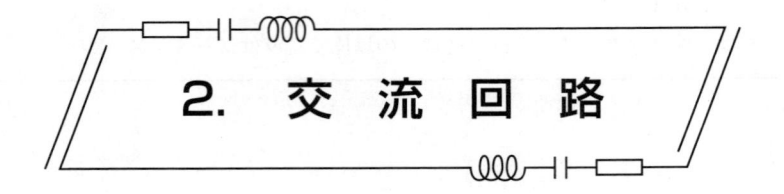

交流回路には周波数や位相，実効値，時定数など，直流回路にはない概念が登場する。また，その計算には三角関数，微積分，複素数計算などを用いる。直流を理解しても交流で挫折する人が多い。目に見えない電気現象を，想像力を働かせながら一つひとつゆっくりと理解していこう。

2.1 振幅，周期，周波数，実効値，位相

図 2.1 が交流電圧である。直流と違って，電圧が上がったり下がったりする。単に下がるどころかマイナスにもなる。マイナスの電圧というのはプラス極とマイナス極が入れ替わるという意味である。ちなみに電流だと，マイナスの電流というのは流れる方向が逆という意味になる。交流電圧は図のように時間とともに変化するので，横軸に時間，縦軸に電圧をとったグラフで表現する。

図 2.1 において横軸の時間の単位は s（秒）だとしよう。図を見ると 0.1 s ごとに同じ変化を繰り返していることがわかる。この繰返し間隔を周期といい，一般に T で表す。図では $T = 0.1$ s である。1 秒間に何回の繰り返しがあるかを周波数といい，f で表す。単位は回数 /s であるが，回数は物理量では

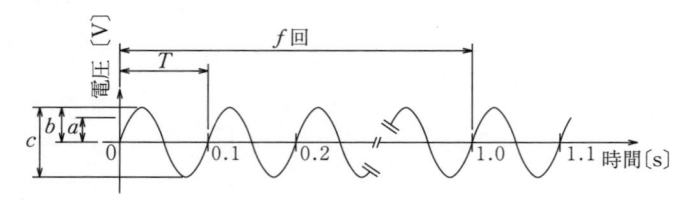

図 2.1

ないので単に 1/s となり，別名は Hz（ヘルツと読む）である．図では 1 秒間に 10 回の繰り返しがあるので $f = 10\,\mathrm{Hz}$ である．もし $f = 20\,\mathrm{Hz}$ なら 1 秒間に 20 回の繰り返しがあることになり，その場合 1 回の間隔は $T = 0.05\,\mathrm{s}$ となる．つまり周期と周波数は逆数の関係にあり，式で書けば

$$f = \frac{1}{T} \tag{2.1}$$

である．周波数 f とよく似たものに角周波数 ω（オメガと読む）がある．よく似ている，というより，本質的に同じもので，周波数 f は 1 秒間の繰り返し回数を 1 回，2 回，… と数えるが，角周波数 ω はこれを 2π，4π，… と数える．図 2.1 を見てわかるとおり，交流の波形は一般に正弦波であり，数学的には三角関数 $\sin x$ で表現される．$\sin x$ は 360°，すなわち $2\pi\,\mathrm{rad}$ で 1 周期である．つまり繰り返し 1 回 → 2π，繰り返し 2 回 → 4π というわけで，f と ω には

$$\omega = 2\pi f \tag{2.2}$$

という関係がある．ω の単位は rad/s となる．周波数 f（角周波数 ω）の大小を図で示せば**図 2.2** のようになる．

角周波数 ω は交流を数学的に記述したり計算したりするときに都合がいいという理由で導入されたものだが，内容は上に述べたとおりで難しくはない．だが式（2.1）と式（2.2）を合わせて $T = 2\pi/\omega$ などと書かれると，とたんにわからなくなるという人が多い．一つひとつ理解していけばなんでもないことなのだが．

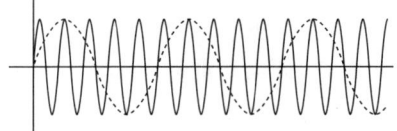

―― f または ω：大
------ f または ω：小

図 2.2

つぎに交流の大きさを表すパラメータを見てみよう．図 2.1 の b は基準点（普通は 0 V）から最大値（最小値）までの大きさで振幅という．c は最大最小間の大きさでピーク to ピーク値といい，図から明らかなように，$c = 2b$ である．ピーク to ピークは試験にはほとんど登場しないし，登場したとしても，単に振幅の 2 倍であるので難しいことはない．

さて、問題は a である。半端な高さを示しているが、これは実効値（じっこうち）というもので、普通、交流の大きさはこの実効値で表される。

$$実効値 = \frac{振幅}{\sqrt{2}} \tag{2.3}$$

家庭用コンセントには 100 V、50 Hz（東日本の場合、西日本では 60 Hz）の電圧がきている。周波数が 50 Hz なので周期 T は $1/50 = 0.02$ s である。また、100 V というのは実効値のことで、振幅（電圧の最大値）は $100 \times \sqrt{2} \fallingdotseq 141.4$ V であり、最小値は -141.4 V、ピーク to ピークは 282.8 V である。

さて、どうして振幅を $\sqrt{2}$ で割ったもので交流の大きさを表すのか。この $\sqrt{2}$ はどこから出てきたのか。試験には出ないが説明しておこう。まず、皆さんに聞きましょう。電気で最も大切なものは何か。電流？ 電圧？ それとも抵抗？ いいえ、答は電力です。その証拠に電気を供給するのは電力会社であり、われわれは使った電力に応じて電気料金を支払っている。

図 2.3 の左側の回路を見てほしい。電源の記号が直流 ─╂─ のではなく ⊗ になっている。これが交流電源の記号である。したがって抵抗 R には図（a）のような電圧がかかっており、それに応じて図（b）のような電流が流れる。ちなみに、左の回路では電流の方向は ─→ となっているが、交流なので実際には行ったり来たりしている。

さて、電力が電圧×電流だというのは直流回路と変わりなく、したがってこの回路で消費される電力は図（c）のようになる。$P = IE$ であるが、われわれは P の分の電気料金を支払うべきだろうか。図（c）をよく見ると P〔W〕の電力を消費しているのはごくわずかな時間であり、ほとんどの時間の電力は P より小さい。P の分の電気料金は払い過ぎである。電力は時間とともに変動しているが、ここは一つ平均をとって、その平均分の料金を払えばいいだろう。平均をとるには三角関数の積分という計算が必要になるが、ここでは計算を省いて結果だけを述べると平均電力は P の半分、$P/2$ となる。電圧や電流の大きさを振幅である E や I で表していると、平均電力 $= IE/2$ となって直流の計算方法と違ってくる。そこで「2 で割る」というのを電圧と電流に均等に

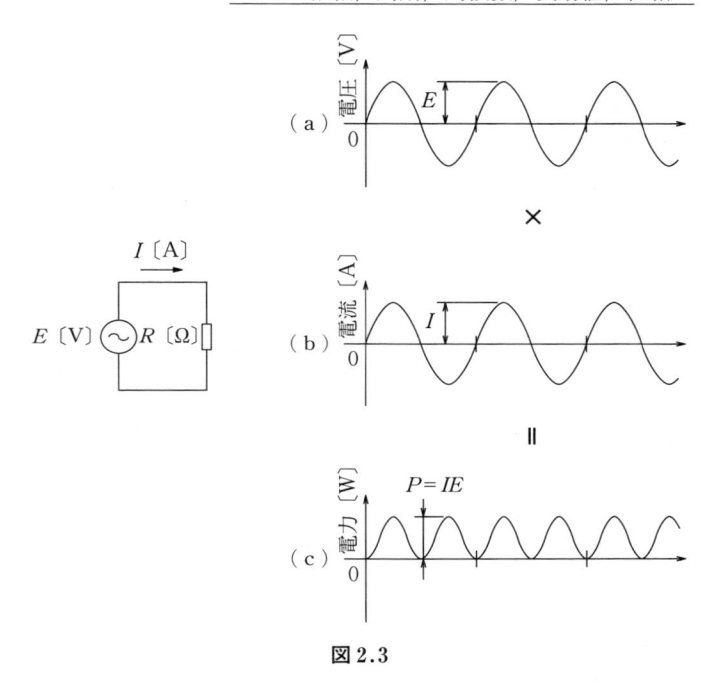

2.1 振幅，周期，周波数，実効値，位相　　*31*

図 2.3

割り振って $IE/2 = (I/\sqrt{2})(E/\sqrt{2})$ としておき，$I/\sqrt{2}$ や $E/\sqrt{2}$ を電流，電圧の大きさと考えると都合がよい。これが実効値の正体および式（2.3）の意味である。家庭用コンセント（実効値 100 V）に湯沸かしポットをつないで実効値 5 A が流れれば，電力は 500 W となり計算がしやすい。

　以上が実効値とは何か，なぜ振幅を $\sqrt{2}$ で割るかの説明である。これでわかるとおり，実効値とは「実際に（電力に）効く値」である。実行値と書くと間違いであるから気をつけよう。

　この節の最後は位相の説明である。図 2.4 の破線はこれまで出てきた交流と同じであるが，実線はそれより θ だけずれている。この θ を位相と呼ぶ。破線と実線の位相差は θ である，などということもあ

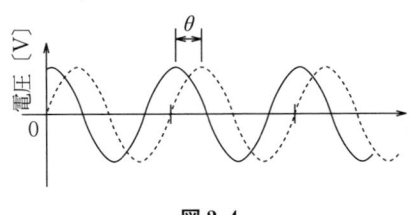

図 2.4

る。θ は時間で表せばよいように思うだろうが，じつは角度で表す。図2.4では $\theta=72°$ である。どうして角度なんだ？　と思うであろう。

図2.5を見ていただきたい。図2.4に比べて周期が2倍（周波数は半分）の図である。当然，θ の広さも2倍になっているが，よく見ると破線と実線のずれ方は図2.4と図2.5で同じである（どちらも1周期の1/5だけずれている）。電気回路では，ずれの割合（この場合はどちらも1周期の1/5）が重要で，図2.4と図2.5では同じ位相差であることにしたい。

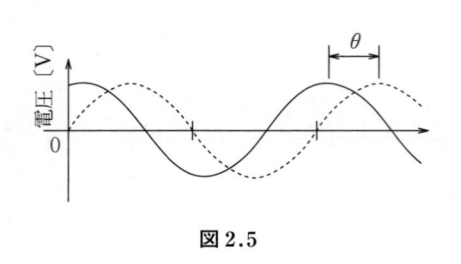

図2.5

角周波数 ω のところで説明したように，図2.4や図2.5の交流は正弦波で，1周期は $360°=2\pi$ である。図2.4，図2.5の位相差 θ は1周期，すなわち $360°=2\pi$ の1/5であるから，どちらも $360°/5=72°=2\pi/5=0.4\pi$ rad というわけである。

さて，図2.4，図2.5では基準となる交流（破線）に対して位相 θ だけ左にずれていた。当然，右にずれる場合もあるわけで，その様子を図2.6に示した。図2.6の①と②は図2.4と同じだが，図2.6では③が追加されている。①に対する位相差は②も③も72°であるが，それでは区別

図2.6

がつかないので，右にずれた③のほうにマイナスをつけて①と③の位相差を $-72°$ とする。別の言い方をすると，「②は①に対して72°だけ位相が進んでいる」，「③は①に対して72°だけ位相が遅れている」という。この部分，つい間違って覚えてしまいがちなので注意。図2.6を見ればだれだって「②は①より遅れている」，「③は①より進んでいる」といいたくなるだろう。しかし逆なのである。図2.6の時刻 t に注目してもらいたい。このとき①は最大

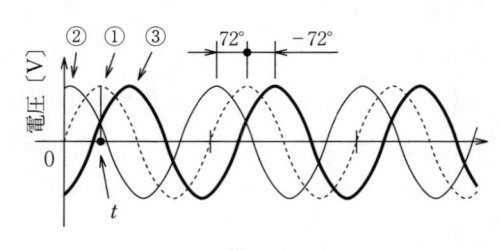

になっている。①は②に対してこういうだろう。

「②さん，もう最大値は終わっちゃったの？ 最大値を過ぎて下がっているの？ 進んでるなぁ，俺なんかやっと最大値だよ。これからやっと下がり始めるところだよ」

つまり，①より②のほうが進んでいるのである。逆に①は③に対してこういうだろう。

「③さん，まだ最大値になってないの？ 遅れてるなあ。俺はもう最大値に到達したよ」

つまり，①より③のほうが遅れているのである。そして遅れているほうにマイナスをつけて表現するというわけである。

本節で説明した振幅，周期，（角）周波数，実効値，位相などは，それ自体を問う問題というのは多くないが，問題文の中に当然のように登場してくる言葉たちなので，その中身を知っておかないとこれ以降の内容がわからなくなる。実効値ってなんだっけ？ などという場合にはここに戻って復習しよう。

例題2.1 図2.7の正弦波交流について誤っているのはどれか。

（1） 位相：0 rad
（2） 周期：10 ms
（3） 振幅：140 V
（4） 周波数：100 Hz
（5） 実効値：約 50 V

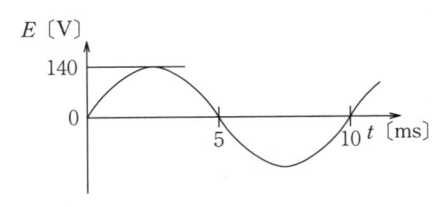

図2.7

解 答

位相はまったくずれていないので0°または0 radであり，（1）は正しい。周期は見たとおり10 msであり，（2）は正しい。振幅も見たとおり140 Vで，（3）も正しい。周波数は1/周期 で計算でき，周期に10 ms＝0.01 sを代入すると100となるので，（4）も正しい。とすると誤っているのは（5）である。実効値＝振幅／$\sqrt{2}$ であった。振幅に140を代入し$\sqrt{2} \fallingdotseq 1.4$とすると，実効値≒100 Vとなる。◆

本節の最後に、もう一度交流のイメージを確認しておこう。図2.8（a）の交流電源により、図（b）のような交流電圧が発生する。①のときは、図（a）の点Aは0V、点Bはプラスの電圧である。②のときは、点Aは0V、点Bはマイナスの電圧になる。何をいいたいかというと、点Aはつねに0Vで、点Bの電圧が図（b）のように変動すると考えてよい。図には明示されていないが、点Aがアースされていると考えておこう。

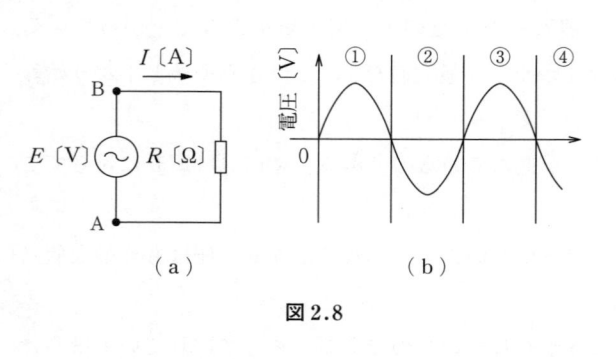

図2.8

2.2　交流を表す数式

前節で交流の波形は一般に正弦波であり、数学的には三角関数（$\sin x$）で表現される、と書いた。本節ではこの点について詳しく述べよう。まず $y = \sin x$ のグラフを描くと図2.9になる。これを基本に考えていこう。

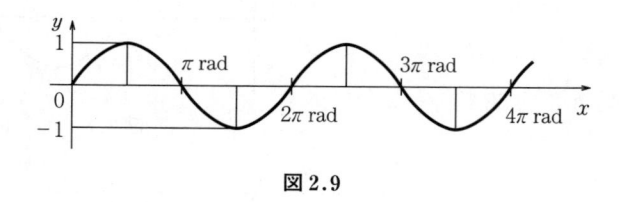

図2.9

図2.10は振幅141 V、周期 $T = 0.1$ 秒（周波数 $f = 10$ Hz、角周波数 $\omega = 20\pi$ rad/s）の交流電圧であるが、これはどのような式で表せるだろうか。

$E = \sin t$ だと振幅は1になる。図2.10では振幅が141なので、まずは $E = 141 \sin t$ としなければならない。図2.10は実効値が100 Vなので、それを用

いると $E = 100\sqrt{2}\sin t$ となる。つぎに sin の中身であるが，$t = 0.1$ のときに sin の中身が 2π にならなければならない。そのためには，$\sin t$ ではなく $\sin(t \times 10 \times 2\pi)$ とすればよい。この 10 とは周波数 f であり，それに 2π をかけているのだから $10 \times 2\pi = \omega$（角周波数）である。したがって，図 2.10 のグラフは $E = 100\sqrt{2}\sin\omega t$ となる。

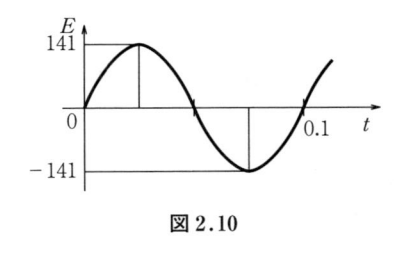

図 2.10

もう一ひねりしてみよう。図 2.11 の ① は図 2.10 と同じで $E = 100\sqrt{2}\sin\omega t$ と表せるが，② はどのような式になるだろう。① と ② は位相が θ だけずれており，② のほうが進んでいる。この場合は $E = 100\sqrt{2}\sin(\omega t + \theta)$ となる（理由は簡単なので考えてみること）。

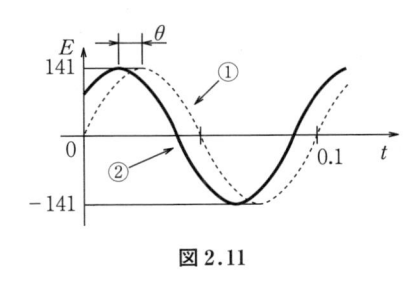

図 2.11

以上をまとめると，交流の式は図 2.12 のように表せる。

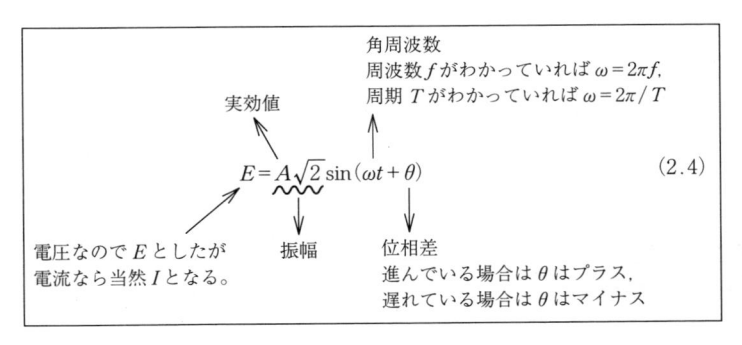

$$E = A\sqrt{2}\sin(\omega t + \theta) \tag{2.4}$$

- 実効値
- 振幅
- 電圧なので E とした。電流なら当然 I となる。
- 角周波数：周波数 f がわかっていれば $\omega = 2\pi f$，周期 T がわかっていれば $\omega = 2\pi/T$
- 位相差：進んでいる場合は θ はプラス，遅れている場合は θ はマイナス

図 2.12

36   2. 交 流 回 路

例題2.2　$V(t) = 282\sin(200\pi t + \pi/4)$ 〔V〕で表される交流について誤っているものはどれか。
（1）　周波数：200 Hz　　（2）　実効値：200 V　　（3）　位相進み：45°
（4）　振幅　：282 V　　（5）　角周波数：628 rad/s

解答

まず振幅は282であり（4）は正しい。これを$\sqrt{2}$で割れば実効値200となり，（2）も正しい。角周波数ωは$200\pi = 628$ rad/sであり，（5）も正しいとわかる。周波数fはωを2πで割って100 Hzとなり，（1）は誤りであるとわかる。位相差は$+\pi/4$〔rad〕であるが，プラスなので位相が進んでいることになり，$\pi/4$〔rad〕を度に直すと45°なので（3）も正しい。結局，誤っているのは（1）だけである。◆

2.3　コイルとコンデンサ

交流回路では直流回路には出てこなかった電気素子が登場する。それがコイルとコンデンサである。コイルとは電線をクルクルと巻いたもので（図2.13），記号は ⏜⏜⏜ や ‐〇〇〇‐ である。この辺の統一は教科書によってまちまちで，試験問題でさえ問1では ⏜⏜⏜ ，問2では ‐〇〇〇‐ だったりする。あまりに気にすることもあるまい。コンデンサとは電極を二つ向かい合わせたもので（図2.14），電極と電極の間には絶縁物（油，紙，セラミックスなど）が入っている。記号は ‐||‐ であり，コンデンサの構造をそのまま表現している。コイルとコンデンサは交流回路において特異な性質を発揮する。それを本節にまとめた。

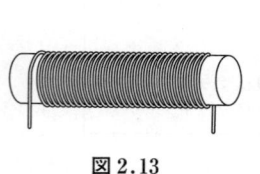

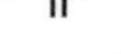

図2.13　　　　**図2.14**

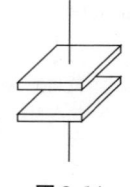

2.3.1　コ　イ　ル
- 電気抵抗を持つ。抵抗値は電源の周波数によって変わる。

2.3 コイルとコンデンサ

周波数が低い。　→　コイルの抵抗は低い。

周波数が高い。　→　コイルの抵抗は高い。

式で書くと，コイルの抵抗〔Ω〕$=\omega L$ となる。ω は角周波数，L はコイルの性能を示すパラメータでインダクタンスといい，単位は H（ヘンリーと読む）である。

直流回路においてはコイルはただの電線と化し，ないのも同じ（**図 2.15**）。直流には（角）周波数という概念はないが，あえて書けば $\omega=0$ であるから　コイルの抵抗 $=\omega L=0$ となるのである。また，電源周波数が高い場合（極限では $\omega=\infty$（∞ は無限大を表す記号）），コイルは単なる断線（$\omega L=\infty$）となる。

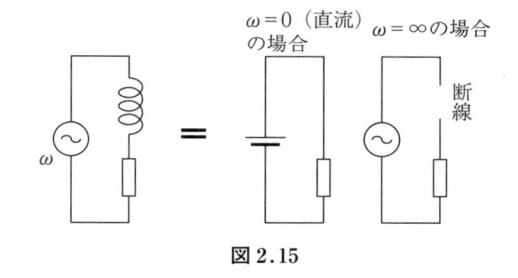

図 2.15

- 位相を変化させる。

図 2.16 の回路を考えよう。交流電源が $E=A\sqrt{2}\sin\omega t$ だとすると，流れる電流 I はそれを抵抗 R で割って

$$I=\frac{A\sqrt{2}}{R}\sin\omega t$$

となる。オームの法則どおりであり，電圧と電流に位相差はない。では，抵抗 R をインダクタンス L に置き換えた**図 2.17** ではどうか。抵抗は ωL〔Ω〕なので電流は $I=(A\sqrt{2}/\omega L)\sin\omega t$ かと思うとそうではなく，なんと位相が $\pi/2$〔rad〕(90°) 遅れている。したがって，電流を示す式は $I=(A\sqrt{2}/\omega L)\sin(\omega t-\pi/2)$ となる。

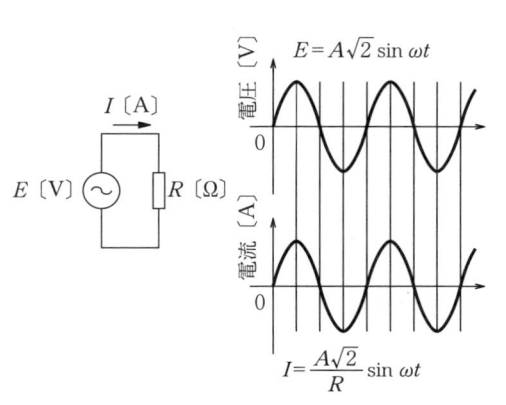

図 2.16

38　2. 交 流 回 路

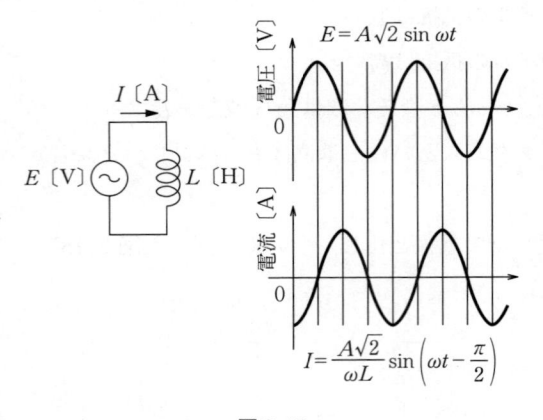

図2.17

$E = A\sqrt{2} \sin \omega t$

$I = \dfrac{A\sqrt{2}}{\omega L} \sin\left(\omega t - \dfrac{\pi}{2}\right)$

問題は，なぜ位相が90°遅れるのかという点だが，これはなかなか難しい。定性的にはコイルに流れる変動電流によって変動磁場が生じ，その変動磁場は最初に流れていた電流と逆方向の電流を流そうとする。そのためにコイルには抵抗が生じ，位相も遅れるわけであるが，なんのことかわからん，というのが普通の反応であろう。この件に関しては3章でもう少し詳しい説明を行うが，ME2種や国家試験ではこの理由について問われることはない。

コイルでは電流は電圧より90°遅れているのだが，より正確に書けば「コイルに流れる電流は，コイルにかかる電圧より周波数に関係なく90°遅れている」となる。図2.17ではたまたま　コイルにかかる電圧＝電源電圧　であるが，決して電源電圧より90°遅れるわけではない。

2.3.2　コ ン デ ン サ

● 電気抵抗を持つ。抵抗値は電源の周波数によって変わる。ここまではコイルと同じだが，抵抗値の変わり方がコイルとは逆である。

　　　　周波数が低い。　→　コンデンサの抵抗は高い。
　　　　周波数が高い。　→　コンデンサの抵抗は低い。

式で書くと，コンデンサの抵抗＝$1/\omega C$〔Ω〕。Cはコンデンサの性能を示すパラメータでキャパシタンスといい，単位はF（ファラドと読む）である。

直流回路においてはコンデンサはただの断線と化す（**図2.18**）。$\omega = 0$であるから　コンデンサの抵抗＝$1/\omega C = \infty$　となるのである。電源周波数が高い場合（極限では$\omega = \infty$），コンデンサはただの電線と化し（$1/\omega C = 0$），ないの

2.3 コイルとコンデンサ

も同じになる。

- 位相を変化させる。

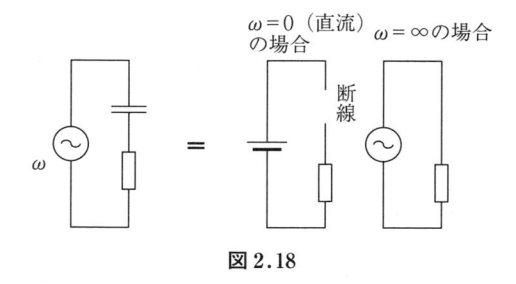

図 2.19 の回路を考えよう。先ほどと同様に交流電源が $E = A\sqrt{2}\sin\omega t$ だとすると，流れる電流 I は E をコンデンサの抵抗 $1/\omega C$ で割って $I = \omega C A\sqrt{2}\sin\omega t$ ではなく，位相が $\pi/2$ 〔rad〕（90°）進み，$I = \omega C A\sqrt{2}\sin(\omega t + \pi/2)$ となる。

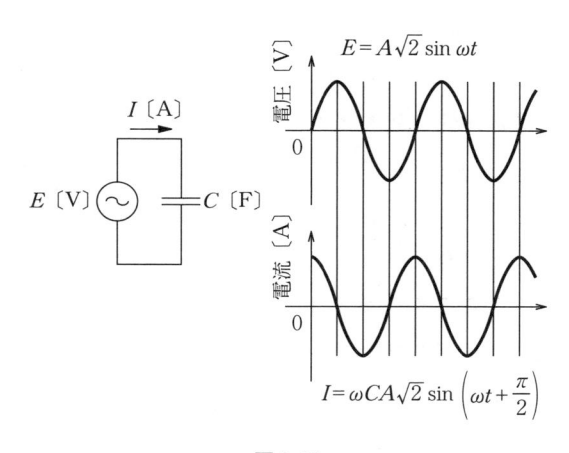

図 2.18

コンデンサに流れる電流はコンデンサにかかる電圧より，周波数に関係なく 90°進んでいる。電源電圧より 90°進むわけではない。

位相の進み・遅れは，その表現の仕方でつい混乱してしまうことがある。上に示したように単なる抵抗では電圧と電流の位相の変化はないが，コイルでは電流は電圧より位相が遅れる。逆にいえば電圧は電流より位相が進む。コンデンサでは逆になり，電流は電圧より位相が進み，逆にいえば電圧は電流より位相が遅れる。図 2.16，図 2.17，図 2.19 を見ながらこの文章を読めば，（理由はともかく）たいしたことをいっているわけではないことがわかるが，試験問題として「コイルでは電圧の位相は電流より遅れている，○か×か」といわれると戸惑ってしまうので注意が必要である（答は×）。

図 2.19

2.4 RLC直列回路

RLC直列回路は試験に頻出する。これをしっかり理解すればRL直列回路やRC直列回路の問題にも対応できる。少々こみいった話になるが，気合いを入れて勉強しよう。

図2.20の回路に流れる電流Iを考える。Iの周波数fは電源と同じになり，$f=\omega/2\pi$〔Hz〕である。IがわかるということはIの振幅と電源電圧の位相差がわかるということである。まず振幅から考えよう。電源の周波数が低いときはコイルの抵抗はほとんど0になるが，コンデンサの抵抗が大きくなり，回路にはほとんど電流が流れない。電源の周波数が高い場合はその逆で，コンデンサの抵抗は0に近くなるが，コイルが大きな抵抗を示し，結局，電流が流れない。電源の周波数が適当な値なら，コイルもコンデンサも適当な抵抗を持ち，それに見合った電流が流れる。これをまとめてグラフにすると，**図2.21**（a）のようになるであろう。つぎに電源との位相差を考えよう。

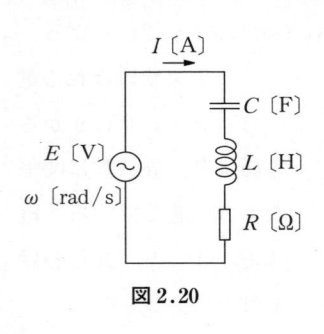

図2.20

上に書いたとおり，電源の周波数が低いときはコイルの抵抗はほとんど0になるが，コンデンサの抵抗が大きくなる。これはコンデンサの影響が大きく，コイルの影響は小さいということである。そうすると電流の位相はコンデンサの影響を受けて90°進むことになる。電源の周波数を上げていくと，コンデンサの影響が減り，コイルの影響が大きくなってくる。コイル単体だと位相は90°遅れるのであった。いまの場合は

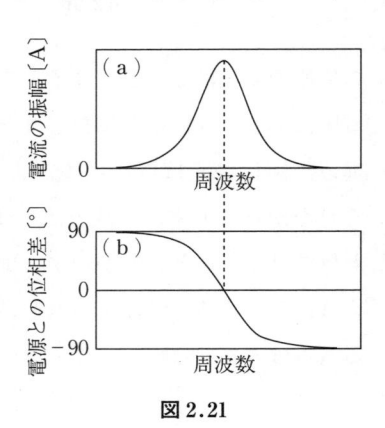

図2.21

図 2.21（b）のように位相の進みがだんだんと減っていき，ついに 0°になり，さらには位相遅れ状態（位相差がマイナス）になっていく．電源の周波数が大きいときはコイルの影響が大きくなって位相差はほぼ $-90°$ という状態になる．

2.4.1 インピーダンス

電流が図 2.21（a）のようになるということは，この回路の抵抗は**図 2.22**のようになるはずである．交流回路では抵抗のことをインピーダンスという言い方をする．インピーダンスとは抵抗と同じく電流が流れるのを妨害するが，それだけではなく流れる電流の位相も変えるよ，という意味合いである．R は位相を変えないが，位相を 0 だけ変化させる，と解釈して，こ

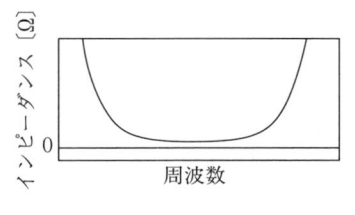

図 2.22

れもインピーダンスと呼ぶ．上で述べたように周波数が低いときは，コイルのインピーダンスはほぼ 0，コンデンサのインピーダンスは大きく，R は周波数に関係なく一定である．直列回路ではこれらを足せばよいので 全体のインピーダンス＝ほとんど 0（コイル）＋大きなインピーダンス（コンデンサ）＋一定値 R＝大きなインピーダンス，となる．

この計算は**図 2.23**のように考えるとよい．xy 座標を用意して，コイルのインピーダンス ωL を y 軸プラス側，コンデンサのインピーダンス $1/\omega C$ を y

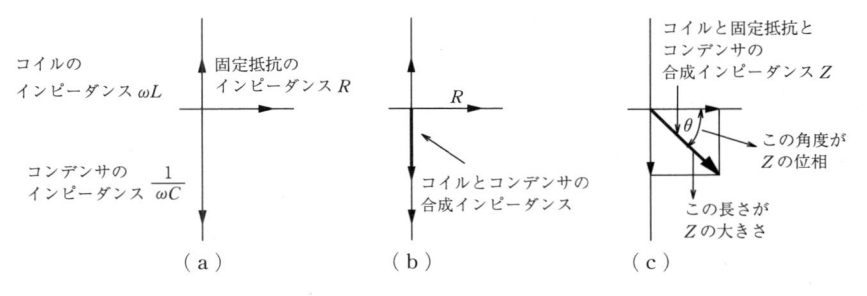

図 2.23

軸マイナス側，抵抗 R を x 軸プラス側に描く（図（a））。その後，これらをベクトル的に足していく。コイルとコンデンサのインピーダンスを足したものが図（b），さらに抵抗を加えたものが図（c）で，これが全体のインピーダンスとなる。全体のインピーダンスを Z とすると Z を示す矢印の長さが Z の大きさを示し，Z と x 軸の角度 θ が Z の位相となる。位相は x 軸を基準として反時計方向をプラス，時計方向をマイナスと決めている。図（c）では θ は下側（時計方向）に来ているので位相はマイナス，すなわち遅れている。

もう一度，図（a）を見てみよう。コイルとコンデンサのインピーダンスを比べるとコンデンサのインピーダンスのほうが大きい。これはコンデンサの影響が大きいということだ。したがって，電源電圧 E に対して電流 I の位相は進むはずである。ところが，図21（c）では位相が遅れている。この辺，少しややこしいが位相が遅れているのは電流 I ではなくインピーダンス Z である。オームの法則を適用すると $E=IZ$ となるが，I を基準に考えると Z の位相が遅れているので，I に Z（遅れている）をかけた E も遅れることになる。つまり I より E が遅れるわけで，逆にいえば E より I が進んでいるのである。

図 2.23 はいろいろな問題を解くためのキーイメージになる図である。

2.4.2 共　　　振

再び図 2.21 を見てもらいたい。これは図 2.20 の回路（RLC 直列回路）の電流特性であるが，周波数を変化させていくと電流は山型に変化する。このような特性を共振といい，山のてっぺんのときは位相が 0° になる。これも図 2.23 を見ればわかる。図 2.23 では $\omega L < 1/\omega C$ で描いてあるが，ω が変われば ωL，$1/\omega C$ の値も変わり，共振時は $\omega L = 1/\omega C$ となる。このときは作図するまでもなくコイルとコンデンサの合成インピーダンスが 0 になり，全体の合成インピーダンス Z は R になる。位相は 0 である。コイルとコンデンサがたがいの影響を打ち消し合うので，合成インピーダンス Z は最も小さくなり電流は最大に（$I=E/R$ に），電流の位相は 0 になるわけである。

共振時の（角）周波数は $\omega L = 1/\omega C$ から ω を計算すればよく

$$\omega = \sqrt{\frac{1}{LC}}, \quad f = \frac{1}{2\pi}\sqrt{\frac{1}{LC}} \tag{2.5}$$

となる。

RとLとCの選び方によって共振時の山のとがり具合を変えることができる。山のとがり具合はQ値(先鋭度または電圧拡大率と呼ばれる)というパラメータで表現され,Q値が大きいほどとがる(**図2.24**)。Q値の計算は試験に出たことがあるが,その導出方法は出たことがない。

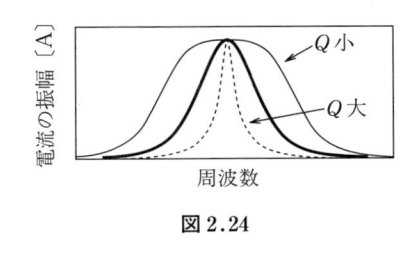

図 2.24

$$Q = \frac{1}{R}\sqrt{\frac{L}{C}} \tag{2.6}$$

この式がなぜ山のとがり具合を示すのか,電圧拡大率とはどこの電圧をどう拡大しているのか … などは説明を省略する。

電源が多くの周波数成分を含んでいるとき,例えばラジオのアンテナから入ってきた信号の場合,RLC直列回路を通すことによって,共振周波数の信号のみを取り出して,他の周波数の信号は減衰させることができる。これが基本的なアナログラジオ受信機の原理である。

2.5 交流回路の計算

ここまでRLC直列回路を例にして「コンデンサの影響が大きく,電圧に対して電流の位相は進む」などと説明してきたが,これを式で示して簡単に計算する方法がある。実際,その計算法を知らないと解けない問題も(特に国家試験に)出題されている。その計算には複素数というものを用いるのだが,これは数学の複素数計算を電気回路に応用するというものなので,数学の複素数計算が苦手な人にとってはつらい内容になるかもしれない。ここでは数学的な証明はとばして試験対策的な応用を述べることにする。

2. 交流回路

まず，複素数（虚数）についてである．ある数字をxとするとxがプラスでもマイナスでもx^2は必ずプラスになる．つまり$x^2=-1$となるxは存在しないのであるが，それを頭の中で想像してiとする．$i^2=-1$である．こんなものは存在しないのでiは想像上の数，英語では imaginary number といいiはその頭文字である．日本語では虚数という．それに対して実際に存在する数は real number，日本語では実数である．iなどというものを考えるのは，それが（例えば電気回路の）計算上，便利だからである．ちなみに数学では imaginary number の頭文字iを用いるが，電気回路ではiといえば電流を表すのが普通なので，そのままでは混乱してしまう．そこで電気回路ではiの代わりにjを使う．$j^2=-1$である．複素数（虚数）はグラフに描くことができる．

図 2.25 は図 2.23 とほとんど同じだが，コイルのインピーダンスを$j\omega L$，コンデンサのインピーダンスを$-j/\omega C$（分子，分母にjをかければ$1/j\omega C$となる）としている．合成インピーダンスZは直列抵抗の合成の考え方どおりそのまま足し合わせればよく

$$Z = R + j\left(\omega L - \frac{1}{\omega C}\right) \tag{2.7}$$

となる．図（c）にあるとおり，Zの大きさは矢印の長さで，これは三平方の定理から

$$|Z| = \sqrt{R^2 + \left(\omega L - \frac{1}{\omega C}\right)^2} \tag{2.8}$$

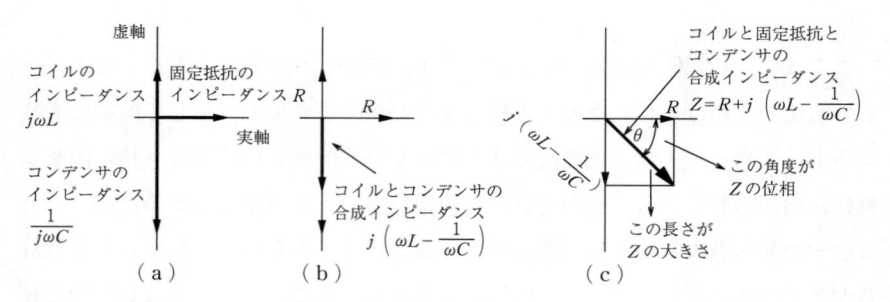

図 2.25

位相 θ は

$$\theta = \tan^{-1}\frac{\left(\omega L - \dfrac{1}{\omega C}\right)}{R} \tag{2.9}$$

である。

では，これを使った例題を見てみよう。

例題 2.3　図 2.26 において回路に流れる電流 I は何 A か。ただし，X_L，X_C はリアクタンスを示す。

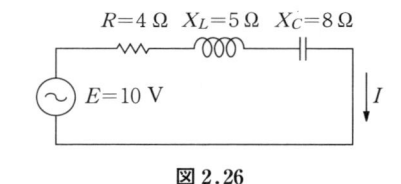

図 2.26

解答

リアクタンスとは交流回路のインピーダンスの虚数部分のこと。図 2.26 の回路ではコイルのインピーダンスは $j\omega L$ なので $X_L = \omega L = 5\,\Omega$，コンデンサのインピーダンスは $-j/\omega C$ なので $X_C = 1/\omega C = 8\,\Omega$ ということである。I の大きさはオームの法則から $|I| = E/|Z|$ であり，E は 10 V，$|Z|$ は式 (2.8) から 5 Ω であるから $|I| = 2$ A となる。合成インピーダンスを $4 + 5 + 8 = 17\,\Omega$ として $I = 10/17$ A とするのは誤りである。この問題では電流 I の位相は聞かれていないが一応計算してみよう。式 (2.9) から Z の位相は $\theta = -36.9°$ となる。$E = IZ$ なので I を基準にすると E は I より 36.9° 遅れることになる。逆にいえば I は E より 36.9° 進むことになる。コイルが 5 Ω，コンデンサが 8 Ω なのでコンデンサの影響が勝っているのである。　◆

例題 2.4　図 2.27 の交流回路で，R，L，C の両端の電圧（実効値）は図に示す値であった。電源電圧（実効値）は何 V か。

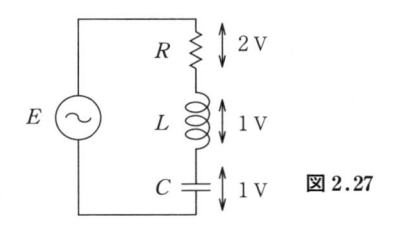

図 2.27

解答

交流回路の考え方に慣れていないと難しい問題。2+1+1=4Vではない。コイルとコンデンサの性質を思い出そう。

- コイルに流れる電流はコイルにかかる電圧より周波数に関係なく90°遅れている。
- コンデンサに流れる電流はコンデンサにかかる電圧より周波数に関係なく90°進んでいる。

本問は直列回路であるからコイルに流れる電流もコンデンサに流れる電流も同じである（大きさも位相も同じ）。すると上に書いたコイルとコンデンサの性質は

- コイルにかかる電圧は電流より90°進む。
- コンデンサにかかる電圧は電流より90°遅れる。

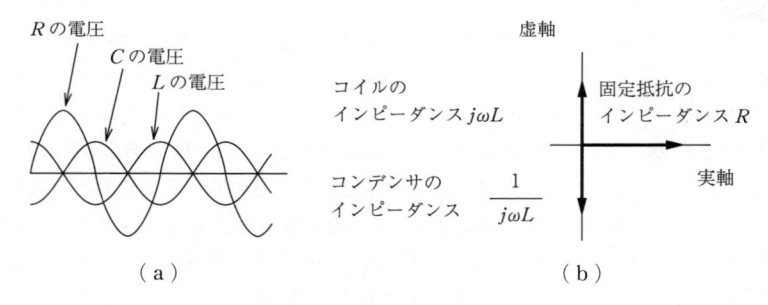

となり，つまりコイルの電圧とコンデンサの電圧は180°ずれていることになる。しかも大きさ（実効値）は同じ（本問では1V）。図で描けば**図2.28**（a）のようになり例えば L に $0.5\,\mathrm{V}$ かかっているときには C に $-0.5\,\mathrm{V}$ かかっていることになり，いつもキャンセルし合う状態になっている。残るのは R にかかる電圧のみで，これが電源電圧になる。

図2.28

このとき R と L と C のインピーダンスは図（b）のようになっている。電圧＝電流×抵抗（オームの法則）であるが，電流が同じ，電圧も同じなので抵抗値も同じ，つまり $\omega L = 1/\omega C$ である。インピーダンスとしてみると，大きさは同じだが位相は180°ずれている。

このとき回路は共振している。共振時の合成インピーダンスは $Z=R$ となるのであった。回路に流れる電流を I とすると $E=IZ=IR$ であるが，この IR というのは R にかかる電圧で，本問では2Vである。つまり答は電源電圧＝2Vとなる。

最後に一点注意を。本問では「電圧（実効値）」と書かれているが，問題図中の電圧も，答えるべき電圧も「電圧（実効値）」であるので，結論として実効値のことは

何も考えなくてよい。　　　　　　　　　　　　　　　　　　　　　　　◆

例題 2.5　　RLC 直列回路に交流電圧を印加したときの印加電圧に対する電流の位相角 θ を表す式を求めよ。ただし，角周波数を ω とする。

[解答]

位相は式 (2.9) で示されているとおり

$$\tan^{-1}\frac{\left(\omega L-\dfrac{1}{\omega C}\right)}{R}$$

であるが，これは RLC 直列回路のインピーダンス Z の位相である。例えば

$$\tan^{-1}\frac{\left(\omega L-\dfrac{1}{\omega C}\right)}{R}=60°$$

だとすると，その意味はオームの法則 $E=IZ$ を考えると I に対して E は 60° だけ位相が進んでいることになる。問題は，「印加電圧に対する電流の位相」つまり E に対して I の位相はどうかを聞いている。

$$\tan^{-1}\frac{\left(\omega L-\dfrac{1}{\omega C}\right)}{R}=60°$$

なら $-60°$ と答えなければならない。つまり

$$\theta=-\tan^{-1}\frac{\left(\omega L-\dfrac{1}{\omega C}\right)}{R}=\tan^{-1}\frac{\left(\dfrac{1}{\omega C}-\omega L\right)}{R}$$

が答となる。マイナスが $\tan^{-1}$ の中に入るのは三角関数の性質による。　◆

2.6　RLC 並列回路

並列回路は直列回路に比べて出題頻度は低い（といっても数年おきに出題されている）。考え方は直列回路と同じである。最初は**図 2.29** を見ながら定性的に考えよう。R は周波数によらず一定のインピーダンス R〔Ω〕を持つが，

図2.29

LとCのインピーダンスは周波数に影響される。Lは$j\omega L$〔Ω〕,Cは$-j/\omega C$〔Ω〕である。周波数が低いときはLのインピーダンスが小さく,Cのインピーダンスは大きくなる。電流はインピーダンスの小さいところを通るので,Lをじゃんじゃん流れることになる。つまり,周波数が低いときは流れる電流は大きく,回路全体としての合成インピーダンスは小さくなる。周波数が高いときはCのインピーダンスが低くなり電流はCをじゃんじゃん流れ,やはり電流は大きく合成インピーダンスは小さくなる。中間の周波数では適度に電流が流れインピーダンスはそこそこ大きくなる。言葉で書くと長くなるが,図で示せば**図2.30**のようになる。

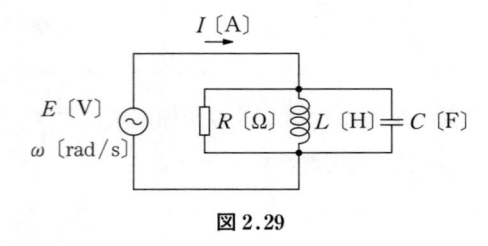

RLC並列回路の合成インピーダンスZを求めてみよう。R,L,CのインピーダンスはそれぞれR,$j\omega L$,$-j/\omega C$であるから,1章で学んだ並列回路の合成インピーダンス(合成抵抗)の式を思い出せば

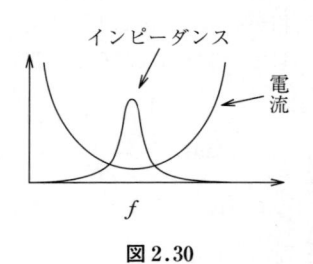

$$Z = \frac{1}{\dfrac{1}{R} + \dfrac{1}{j\omega L} - \dfrac{\omega C}{j}}$$

図2.30

となり,これを計算すると(計算の詳細は省略),Zの大きさは

$$|Z| = \frac{1}{\sqrt{\dfrac{1}{R^2} + \left(\dfrac{1}{\omega L} - \omega C\right)^2}} \tag{2.10}$$

位相θは

$$\theta = \tan^{-1} R\left(\frac{1}{\omega L} - \omega C\right) \tag{2.11}$$

となる。

インピーダンスが最大（電流が最小）になる部分を共振という。式 (2.10) から $1/\omega L = \omega C$ のときに共振することがわかり，その周波数は RLC 直列回路と同じく

$$\omega = \sqrt{\frac{1}{LC}}, \qquad f = \frac{1}{2\pi}\sqrt{\frac{1}{LC}} \qquad (2.12)$$

である。また式 (2.11) から共振のときは位相が 0 になることもわかる。このあたりは RLC 直列回路と同じである。

こういう式を試験の場で求めることは無理 … とはいわないがそれなりに時間がかかる。したがって，知識として知っているかどうかの勝負になる。

例題 2.6 図 2.31 の回路のインピーダンスの絶対値はどれか。ただし，ω は角周波数である。

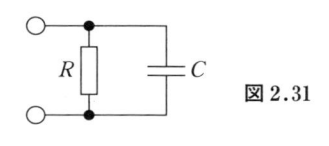

(1) $\sqrt{R^2 + \dfrac{1}{\omega^2 C^2}}$ (2) $\sqrt{R^2 + \omega^2 C^2}$ (3) $\dfrac{1}{\sqrt{R^2 + \omega^2 C^2}}$

(4) $\sqrt{\dfrac{R}{1 + \omega^2 C^2 R^2}}$ (5) $\dfrac{R}{\sqrt{1 + \omega^2 C^2 R^2}}$

図 2.31

解 答
説明してきた RLC 並列回路ではなく，RC 並列回路である。L がないので式 (2.10) から L の項をなくしてしまえばよい。答は (5) である。 ◆

例題 2.7 図 2.32 の回路について誤っているのはどれか。

(1) 正弦波電流ではコイル L とコンデンサ C とに流れる電流は同位相である。
(2) 直流ではインピーダンスが 0 となる。
(3) 共振するとインピーダンスは無限大となる。
(4) 共振周波数より十分大きい周波数ではインピーダンスが 0 に近づく。

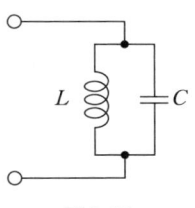

図 2.32

50   2. 交 流 回 路

（5） 共振周波数は $1/(2\pi\sqrt{LC})$ である。

解 答
誤っているのは（1）。一つずつ見てみよう。
（1） 並列回路なのでコイルとコンデンサには同じ電圧がかかっている。
　　コイル：電流は電圧より位相が 90°遅れる。
　　コンデンサ：電流は電圧より位相が 90°進む。
　　結論：コイルに流れる電流はコンデンサの電流より 180°遅れている。
（2） 直流とは $\omega=0$ の場合だと考えてよい。このときコイルのインピーダンスは 0，コンデンサのインピーダンスは無限大。回路としては図 2.33（a）のようになり，インピーダンスは 0 になる。

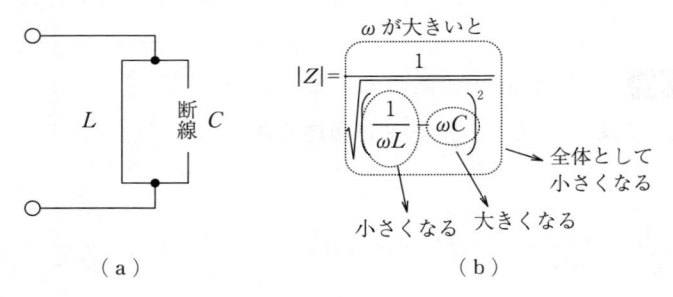

図 2.33

（3） 並列回路のインピーダンスを示す式（式（2.10））の R の項をなくすと，この回路のインピーダンスの大きさは

$$|Z| = \frac{1}{\sqrt{\left(\dfrac{1}{\omega L} - \omega C\right)^2}}$$

となる。この ω に共振条件である式（式（2.12））$\omega=\sqrt{1/LC}$ を代入すると $|Z|=1/0=\infty$ となる。
（4） 式で考えれば図 2.33（b）のようになる。これは（2）と逆のパターンで，（2）では $\omega=0$ であったが本問では $\omega=\infty$ だと考えればよい。するとコイルのインピーダンスは無限大，コンデンサのインピーダンスは 0。全体のインピーダンスは 0 になる。
（5） 式（2.12）そのもの。　　　　　　　　　　　　　　　　　　　　　◆

2.7 フィルタ

フィルタとして試験に頻出するのは図 2.34 のパターンである．入力としてある周波数の交流電圧を加えると周波数の大小によって出力される電圧の大きさが変わる．その様子を描いたのが図 2.35 である．周波数が小さいときには入力電圧がそのまま出力され，周波数が高くなると出力が小さくなる．低い周波数だけを通すのでローパスフィルタ（低域通過フィルタ）と呼ばれる．音声信号などで，キーンという高い音のノイズを取り除くのに使える．このようになる理由は簡単である．いままで何度も出てきたように，周波数が低いときには C のインピーダンスは大きく，周波数が高いときには C のインピーダンスは小さい．回路を書き換えると図 2.36 のようになる．直列回路において，大きなインピーダンス（抵抗）には大きな電圧がかかるというのは 1 章の直流回路と同じなのである．C のインピーダンスは周波数によって連続的に変わるので，出力電圧も図 2.35 のように連続的に変化するわけである．

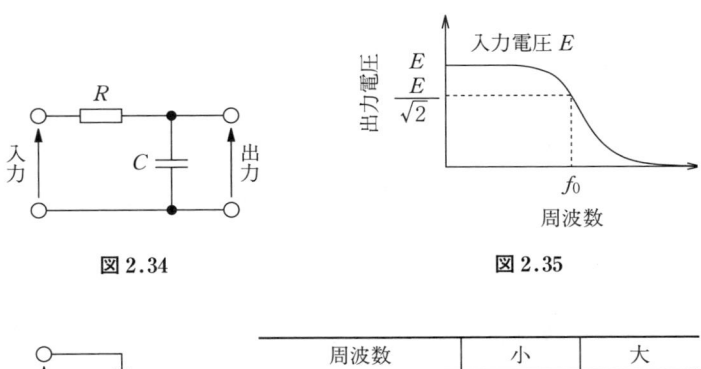

図 2.34

図 2.35

周波数	小	大
R のインピーダンス	一定	
	相対的に小	相対的に大
C のインピーダンス	大	小
C の電圧（出力）	大	小

図 2.36

出力電圧の位相は周波数の増加とともに 0°→ −90°と変化する（つまり遅れる）。理由を**図 2.37** で説明しよう。R と C のインピーダンスを図示したものだが合成インピーダンス Z の位相はつねに負のほう，つまり遅れるほうにくることがわかるだろう。入力を E，回路に流れる電流を I とすると，$E = IZ$ であるが，Z が遅れているということは I に遅れる要素をかけたものが E だから，I より E が遅れている，逆にいえば E より I が進んでいることになる。その進みは図 2.37 の R と $1/j\omega C$ の大きさによって決まるが 90～0°の間である。R は電圧と電流の位相差が 0，C は電流が 90°進む。これが合わさって 90～0°というわけである。周波数が小さいときは $1/j\omega C$ が大きくなるので位相進みは 90°に近く，周波数が大きいときは $1/j\omega C$ が小さくなるので位相進みは 0°に近くなる。なんだかややこしいので，ここで一度まとめると

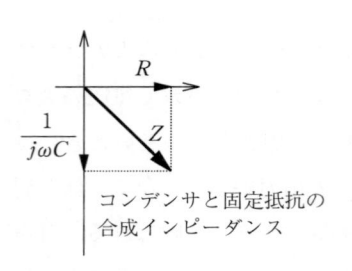

① 図 2.34 の回路に流れる電流（コンデンサに流れる電流）は入力電圧より 90°（周波数が低い）～0°（周波数が高い）だけ進んでいる。

② ところでコンデンサにかかる電圧（この場合は出力）はコンデンサに流れる電流より周波数に関係なく 90°遅れているのであった。

①と②をまとめて考えると，出力電圧の位相は周波数の増加とともに 0°→ −90°と変化する（つまり遅れる）となる。

さて図 2.35 には，出力電圧が入力電圧の $1/\sqrt{2}$ になる部分に破線が描かれており，そこの周波数が f_0 となっている。意味は f_0 より小さい周波数のときに入力信号を通し，周波数が f_0 より大きくなると入力信号を通さなくなる，ということで，f_0 のことを遮断周波数と呼ぶ。なぜ $1/\sqrt{2}$ などという半端な数なのだろうか。わかりやすく出力が半分になったところで切ればいいのに，と思うであろう。実効値のところで述べたが，電気で最も大切なのは電力である。本来，遮断周波数とは入力電力に対して出力電力が半分になる周波数なの

だ。これを実効値のときと同じように電圧換算して$1/\sqrt{2}$という数字が出てきたのである。まあ，この話は試験に出ない。試験に出るのは遮断周波数を求める式で，それは

$$\omega_0 = \frac{1}{CR}, \qquad f_0 = \frac{1}{2\pi CR} \tag{2.13}$$

である。遮断周波数のときの出力の位相は$-45°$となる。遮断周波数f_0の求め方を以下に示すが，求め方は試験に出ない。

RC直列回路のインピーダンスの大きさは式（2.8）でLをなくせばよく

$$|Z| = \sqrt{R^2 + \left(\frac{1}{\omega C}\right)^2}$$

となる。電源電圧をEとすると流れる電流Iは$|I| = E/|Z|$である。この電流がコンデンサに流れるのだからコンデンサの電圧は$|I|(1/\omega C)$であり，遮断周波数のときは

$$|I|\frac{1}{\omega_0 C} = \frac{E}{\sqrt{2}}$$

となる。ここからω_0を求めれば式（2.13）が得られる。位相は式（2.13）を式（2.9）に代入することで求められる。

図2.38は図2.34とほとんど同じだが抵抗Rが出力になっている。このときの出力特性は図2.35と逆で**図2.39**のようになる。高い周波数の信号が通っているのでハイパスフィルタ（高域通過フィルタ）と呼ばれる。遮断周波数は式（2.13）である。出力電圧の位相は周波数の増加とともに$90° \to 0°$と変化

図2.38

図2.39

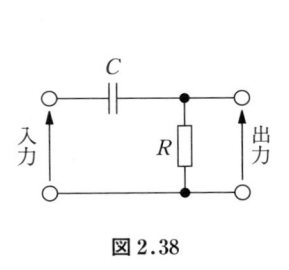

し（つまり進む），遮断周波数のときは45°となる。

上で見てきたように試験に出るフィルタ回路のほとんどはRC直列回路であるが，たまにRL直列回路が出題されることがある。CとLの電気的特性は逆であるから，RL直列回路ではLの電圧を出力としたときハイパスフィルタ，Rの電圧を出力としたときローパスフィルタとなり遮断周波数は$\omega_0 = R/L$，$f_0 = R/2\pi L$となる。

例題 2.8 図 2.40 と同様なフィルタ特性を示す回路はどれか。図 2.41 の（1）～（5）の中から選べ。

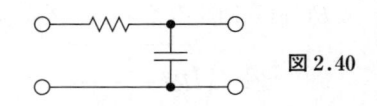

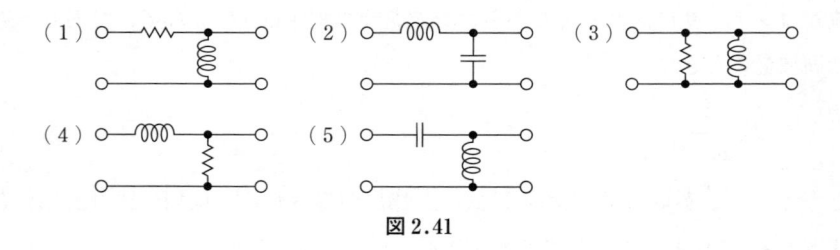

図 2.40

図 2.41

解 答

図 2.40 は RC 直列回路のローパスフィルタで，同様な特性を示すのは（4）。

（1）はハイパスフィルタ，（2）と（5）は共振回路，（3）の出力はつねに入力と同じになる。参考のために（3）の回路を描き直したものを**図 2.42** に，問題図および（1）～（5）の回路の周波数特性（フィルタ特性）を**図 2.43** に示しておく。◆

図 2.42

図 2.43

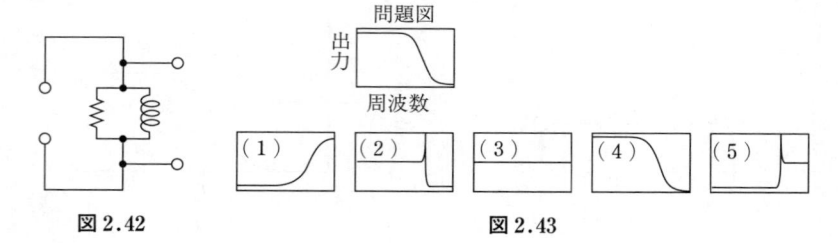

2.8 過渡現象

図 2.44（a） を見てほしい。前節に出てきた RC 直列回路であるが，電源が直流電源になっている。またＳというモノが追加されているが，これはスイッチである。要するに電池で動く装置に ON–OFF スイッチがついていると思えばよい。さてスイッチ OFF の状態から時刻 $t=0$ でスイッチ ON にしたとしよう（図 2.44（b））。電源は直流なので $f=0$ であり，図 2.35 によれば出力は電源電圧と同じになるはずである。実際そうなるのだが，出力が電源電圧と同じになるにはある程度の時間がかかる。スイッチＳを OFF から ON にした瞬間（図 2.44（b）で破線で囲った部分）は，瞬間的に電圧が変化しており，この一瞬は $f=\infty$ と考えられるのである。図 2.35 によれば $f=\infty$ のときは出力が 0 であった。これが影響し，出力の時間変化は図 2.44（c）のようになる。つまり出力電圧はゆっくりと上昇して電源電圧 E に達する。このような現象を過渡現象といい，スイッチのある回路（つまりほとんどすべての回路）にはつきものの現象である。

（a）

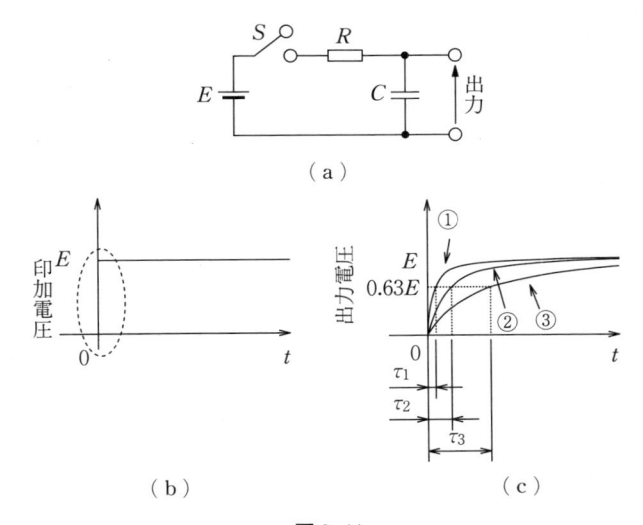

（b）

（c）

図 2.44

出力電圧の上昇が図2.44（c）①のように速いか③のように遅いかを表すパラメータを時定数といいτ（タウと読む）という記号で表す。τは出力電圧が電源電圧の63％まで上昇する時間で，したがって時定数τの単位は秒である。図2.44（c）では①，②，③の順に$\tau_1 < \tau_2 < \tau_3$となり，τが大きくなると，出力電圧の上昇がゆっくりになる。τはRとCで決まり

$$\tau = CR \tag{2.14}$$

で表される。なぜ63％などという半端な数を指標にしているのか，なぜそれがRとCのかけ算になるのか，という点であるが，実はこれを説明するには「回路の微分方程式を立ててそれを解く」という作業が必要でかなりやっかいであるが，ごく簡単に説明しておく。

Cの両端電圧をE_Cとする。Cに流れる電流は$I = C \cdot dE_C/dt$，これが抵抗Rにも流れるからRの両端電圧E_Rは$E_R = RI = RC \cdot dE_C/dt$（$t$は時間）となる。$E_R + E_C = E$であるから，

$$RC \frac{dE_C}{dt} + E_C = E \qquad (t \geq 0)$$

これが回路の微分方程式で，定常解は$E_{C\_S} = E$である。また過渡解は

$$E_{C\_g} = A e^{-\frac{t}{CR}}$$

となる（eは自然対数の底）。したがって一般解は

$$E_C = E_{C\_S} + E_{C\_g} = E + A e^{-\frac{t}{CR}}$$

である。

初期条件として$t=0$で$E_C=0$とすると，$A = -E$となる。以上より，スイッチをONにした後のCの両端電圧の変化は

$$E_C = E - E e^{-\frac{t}{CR}} = E\left(1 - e^{-\frac{t}{CR}}\right) \tag{2.15}$$

となる。Rの両端電圧の変化は$E_R + E_C = E$より

2.8 過渡現象

$$E_R = E e^{-\frac{t}{CR}} \tag{2.16}$$

であり，回路に流れる電流 I は

$$I = \frac{E_R}{R} = \frac{E}{R} e^{-\frac{t}{CR}} \tag{2.17}$$

である。

よくわからなくて読み飛ばしてしまった人も多いのではないかと思う。とりあえず R の両端電圧 E_R の式（式（2.16））の読み方を解説すると**図 2.45** のようになる。e とは上に書いたように自然対数の底で，値は約 2.7 である。t は時間である。

$$E_R = E e^{-\frac{t}{CR}} = \frac{E}{e^{\frac{t}{CR}}} = \frac{E}{2.7^{\frac{t}{CR}}}$$

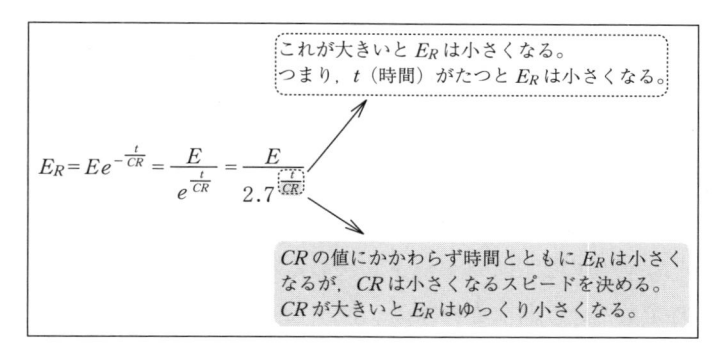

これが大きいと E_R は小さくなる。
つまり，t（時間）がたつと E_R は小さくなる。

CR の値にかかわらず時間とともに E_R は小さくなるが，CR は小さくなるスピードを決める。CR が大きいと E_R はゆっくり小さくなる。

図 2.45

式（2.15）〜（2.17）を使う問題はたまに試験に出る。試験中に微分方程式を解いて式（2.15）〜（2.17）を求めるのは無理であろうから，とりあえず図 2.45 の E_R（式（2.16））を覚えておこう。E_R は R にかかる電圧なので E_R を R で割れば電流が得られるし（式（2.17））, $E_R + E_C = E$（R の電圧 + C の電圧 = 電源電圧）から E_C が得られる（式（2.15））。

もう一度，式（2.15）〜（2.17）をまとめて，それぞれのグラフとともに示すと**図 2.46** になる。

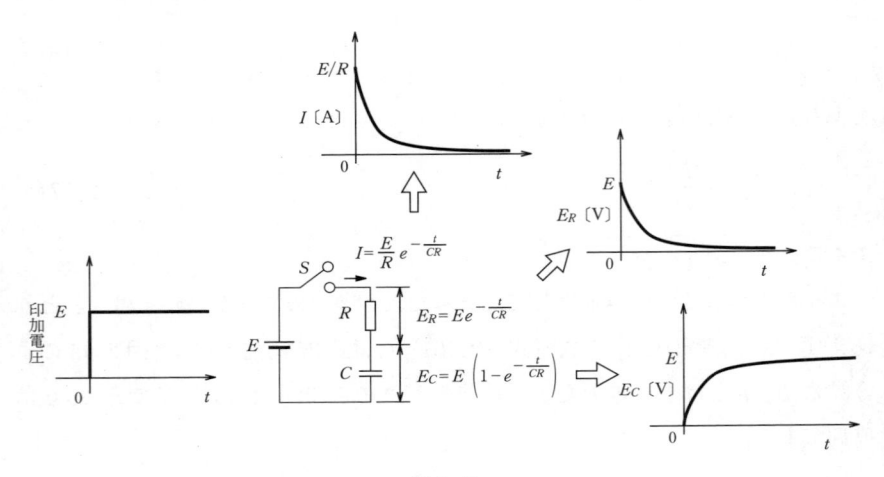

図 2.46

時定数 $\tau = CR$ の値が図 2.46 の I や E_R や E_C の変化のスピードを決める。時間 t は最初は 0 でだんだん増えていくが，$t = CR$ のとき $E_C = 0.63E$ になる（式（2.15）の t に CR を代入すれば確認できる）。時定数 τ は E_C が電源電圧の 63 % まで上昇する時間だと書いたが，順番としては，「E_C を理論的に計算」→「CR が E_C の値の変化のスピードを決めるパラメータだと判明」→「じゃあそれに時定数という名前をつけよう」→「$t =$ 時定数の場合はどうなるか計算したら電源電圧の 63 % だった！　半端な数だけどまあいいか」というのが真相である。ちなみに $t = CR$ のとき E_R は電源電圧の 37 % まで低下する。

式（2.13）と式（2.14）を見ると，時定数 $\tau = CR$ は遮断角周波数の逆数であることがわかる。

例題 2.9　図 2.47（a）の回路に図（b）の入力 v_i（実線）を与えて出力 v_o（破線）が得られたとき，正しいのはつぎのうちどれか。

2.8 過渡現象

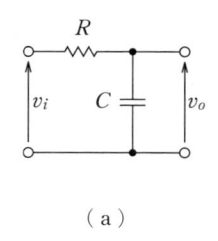

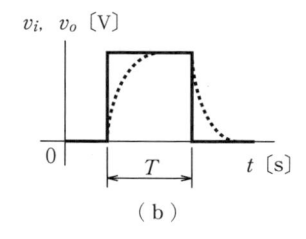

図 2.47

(1) $CR < T$ (2) $CR = T$ (3) $CR = 1/T$
(4) $2T > CR > T$ (5) $CR > 2T$

解答

CR は時定数のことである。時定数はコンデンサの電圧が電源電圧の 63 % まで上昇する時間であった。問題図では電源 ON から T だけ時間がたった後では出力 v_o（コンデンサの電圧）はほぼ 100 % となっている。つまり T は CR より大きいはずで（1）は正しい。ちなみに**図 2.48**（a）は $CR = T$ の場合で，T だけ時間がたった後で出力 v_o は v_i の 63 % である。また図（b）は T が長い場合だが，v_o が上がりきった後に入力 v_i が 0 になり v_o がゆっくり下がる，という本質は同じである。何がいいたいかというと，$CR = 1/T$ のような条件は関係ないということだ。結局 T より時定数 CR がある程度小さければ図 2.47（b）のような入出力が得られるわけで，正しいのは（1）だけである。 ◆

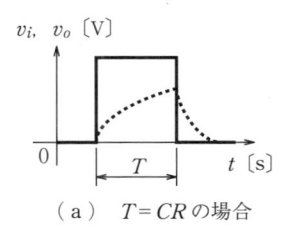

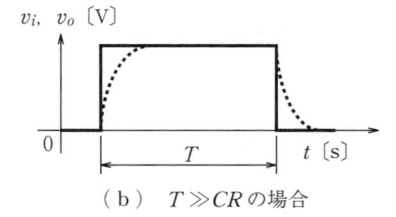

(a) $T = CR$ の場合   (b) $T \gg CR$ の場合

図 2.48

ところで**図 2.49**（a）の入力に対して出力が図（b）のようになる回路を積分回路というが，図 2.47（a）はまさに積分回路である。ただし積分回路として働くのは $CR \geq T$ の場合である。T は入力信号の周期（の半分）と考

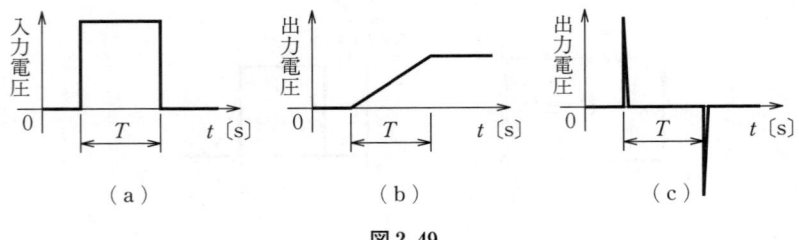

60　　　2. 交 流 回 路

(a)　(b)　(c)

図 2.49

えられる。またこの回路の遮断周波数 ω_0 は $1/CR$ であった。ここから $CR \geqq T$ という条件は遮断周波数より十分に高い信号周波数のとき，と言い換えることができる。そういう条件のとき，図 2.47 (a) は積分回路として働く。また出力が図 2.49 (c) のようになる回路を微分回路という。図 2.47 (a) の出力 v_o はコンデンサ C の電圧であるが，もし出力 v_o が抵抗 R の電圧であったら，これは微分回路になる。ただし遮断周波数より十分に低い信号周波数のとき，という条件がつく。

例題 2.10　図 2.50 の回路について正しいのはどれか。

a. 低域通過特性を示す。
b. 微分回路に用いられる。
c. 時定数は 10 ms である。
d. 出力波形の位相は入力波形より進む。
e. 遮断周波数は約 50 Hz である。

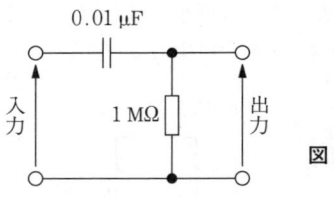

(1) abc　(2) abe　(3) ade　(4) bcd　(5) cde

図 2.50

解 答
正しいのは (4) である。一つずつ見ていこう。

a. 前節フィルタのところで学んだように，これはハイパスフィルタ（高域通過フィルタ）であるので誤り。C を出力にするとローパスフィルタになる。

b. 遮断周波数より十分に低い信号周波数のとき，という条件がつくが，とにかく b は正しいといえる。C を出力にすると積分回路になる。

c. 時定数は $CR = (0.01 \times 10^{-6}) \times (1 \times 10^6) = 0.01$ s $= 10$ ms となるので正しい。

d. これも前節フィルタのところで学んだ。出力電圧の位相は周波数の増加とともに 90°→0°と変化する（進む）ので正しい。C を出力にすると遅れる。
e. 遮断周波数は $1/(2\pi CR) = 16\,\text{Hz}$ である。誤り。　◆

例題2.11　図2.51（a）の単発の方形波パルスを図（b）の CR 回路に入れた。出力波形の図（c）に示される V の値は何 V か。ただし，図（c）は正確に書かれているとは限らない。

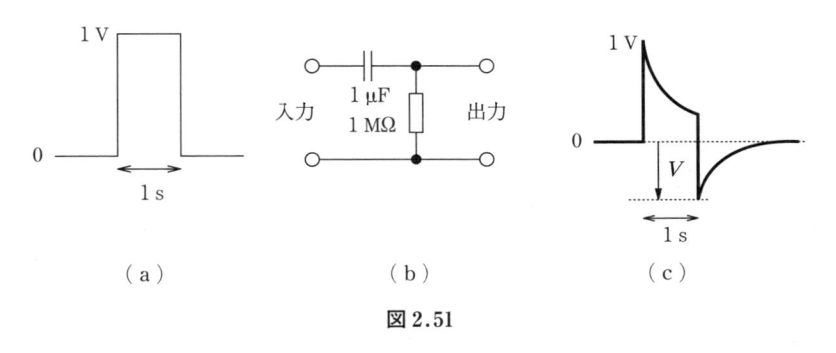

図2.51

(1) -0.37　(2) -0.5　(3) -0.63　(4) -0.75　(5) -1

解答

方には四角という意味があり，方形波とは四角い形の波ということ。図（b）の CR 回路は微分回路であり，時定数は $\tau = CR = 1\,\mu\text{F} \times 1\,\text{M}\Omega = (1\times 10^{-6}) \times (1\times 10^{6}) = 1\,\text{s}$。出力は入力が立ち上がった瞬間が 1 V，1 秒（時定数）後には 37%，つまり 0.37 V まで低下する。入力が 1 V→0 V に落ちると，出力はそこから 1 V 落ちる（**図2.52**参照）。V の値は $-0.63\,\text{V}$ であり答は（3）である。　◆

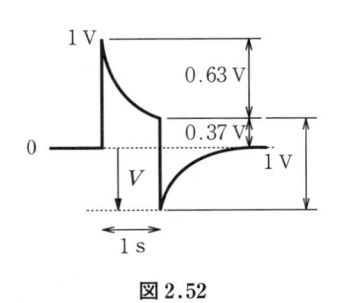

図2.52

最後に RL 回路についても述べておこう。過渡現象の時定数が出題される場合，その回路はほとんどの場合 RC 直列回路であるが，RL 直列回路でも過渡現象が起こり，そのときの時定数は

$$\tau = \frac{L}{R} \tag{2.18}$$

となる（証明略）。特性は RC 回路と逆で L を出力としたとき微分回路，R を出力としたとき積分回路になる。

2.9 ダイオード

2.9.1 ダイオードの働き

ダイオードとは電流の一方通行デバイスである。ダイオードと直流・交流回路を組み合わせた問題が国家試験に頻出する。ダイオードを表す記号は ─▶├─ や ─▷├─ や ─▷├─ などで，問題によってさまざまであるが，使い分けの基準はわからない（たぶん出題者の先生の趣味？）。とにかく一般的なパターン認識能力があれば迷うことはないだろう。記号を見ればどの方向に電流を流すかは常識的に判断できる（**図 2.53**）。

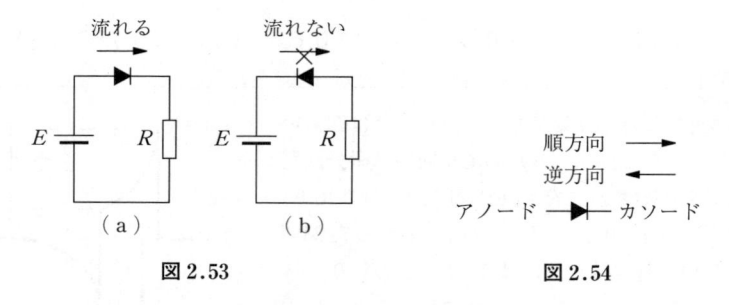

図 2.53

図 2.54

ダイオードの端子および電圧のかけ方には**図 2.54**のような名前がついている。ダイオードは順方向には抵抗 0 の電線として振る舞い，逆方向には抵抗 ∞，つまり断線として振る舞う。ダイオードは単純な素子であるが「カソードにアノードより高い電圧を加えると電流は順方向に流れる。○か×か」などと聞かれるとつい戸惑ってしまう（正解は×）。

ダイオードは p 型半導体と n 型半導体とをくっつけて（pn 接合）作られるが，その動作原理などは電子工学でトランジスタ，オペアンプなどとともに詳

2.9 ダイオード

しく学ぶであろうから本書では省略する。

さて，ダイオードを交流回路につなぐとどうなるか。これについてもくどくど説明する必要はないだろう。**図2.55**のように電流が一方通行になる（破線はダイオードがないときの電流）。しかしこれではせっかくの電圧を半分しか使っていない。当然，**図2.56**のように電流を流したいという欲求が出てくる。これもダイオードを使って実現できるのだが，その回路がわかるだろうか。

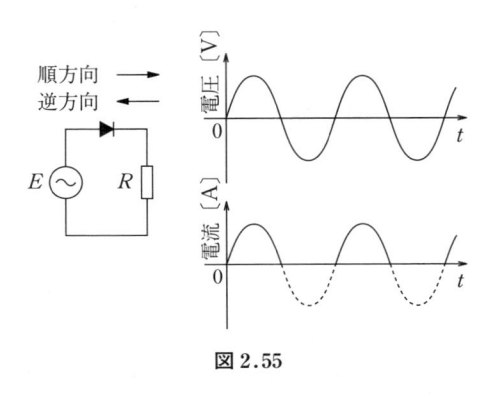

このように行ったり来たりする交流電流を一方向だけに流すことを整流というが，整流回路にはさまざまな種類があり用途によって使い分けられている。最も単純なのは（何をもって単純というかは人（教科書）によって違うが）**図2.57**のダイオードを4個使った回路である。電流の流れ方を細線で示しておいたので，パズル感覚で確認していただきたい。回路の分岐点，例えば点Aで電流が右上に流れる理由は左上方向がダイオードでブロックされているからであり，点Bで電流が右上にいく理由は，右下にいくと電圧が高くなってしまうからである（電流は電圧の高いほうから低いほうへと流れる）。ちなみに図2.55のように半分だけ整流するものを半波整流といい，図2.56のように全部を整流するものを全波整流という。

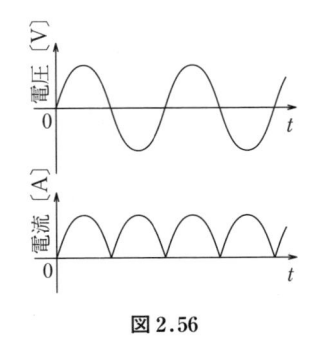

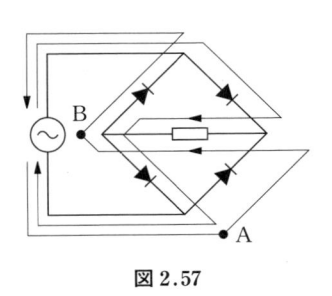

図2.55

図2.56

図2.57

2.9.2 ダイオードまわりの電圧

説明されればそりゃそうだと思うが，問題として出されると意外とこんがらがってしまうのがダイオードまわりの電圧である。国家試験に多く出題されている。

基本は**図 2.58** である。

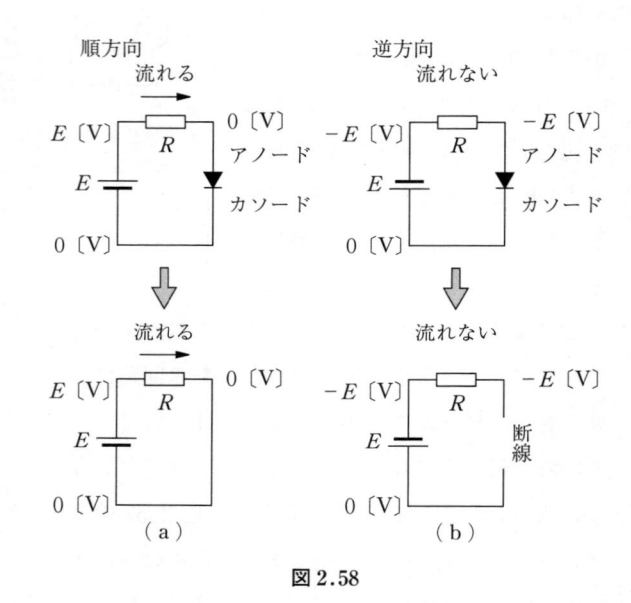

- ダイオードのアノード側の電圧がカソード側より高いときに電流が流れる。アノードとカソードの電圧ではなくアノード側とカソード側で判断。図（a）はダイオードの両側が0Vだがアノード側が E 〔V〕，カソード側は0Vでアノード側が高く，電流が流れる。わかりにくいときはダイオードを取り去って電流を流し，それをダイオードがブロックするかどうかを考えるとよい。電流が流れているときはダイオードは単なる電線でありダイオード両側での電圧変化はない。電流が流れていないときはダイオードは単なる断線である。

- 抵抗に電流が流れると抵抗にかかっている電圧分，電圧が下がる（電圧降下）。言い方を変えると抵抗の両端に電圧差があれば電流が流れる（図2.58（a））。逆にいうと抵抗に電流が流れていないときは抵抗の両端に電圧差がない（図2.58（b））。

- 電線でつながっている部分は同電圧。

図 2.58

2.9 ダイオード　65

ではこれがどのような問題になるのか見てみよう。

例題2.12　図2.59（a）に示す正弦波電圧 v_i を図（b）の端子 AB 間に入力するとき，端子 CD 間の電圧波形 v_o は**図2.60**の（1）〜（5）のうちどれか。ただし，ダイオードは理想ダイオードとする。

（a）

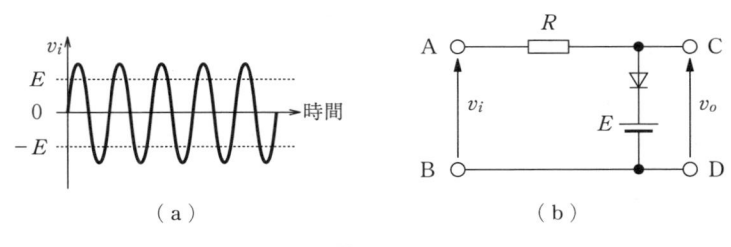

（b）

図 2.59

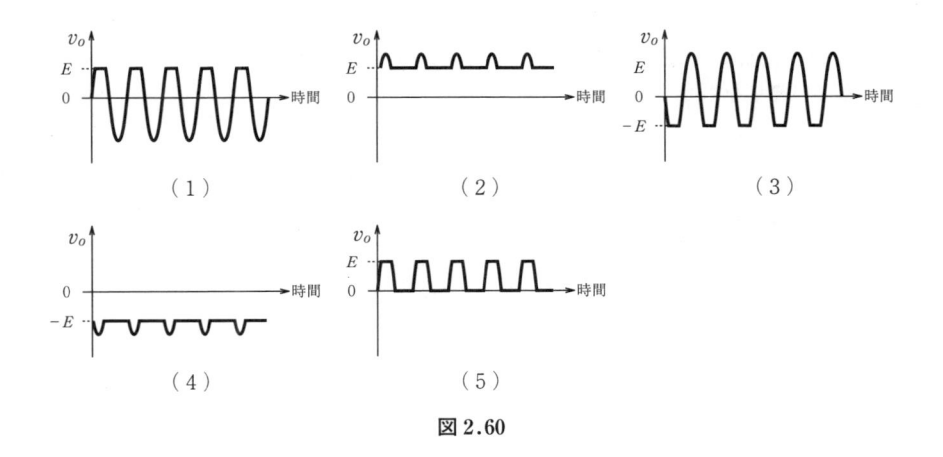

（1）　（2）　（3）

（4）　（5）

図 2.60

解答

初見ですらすらできる人は少ないのではないだろうか。この手の問題は国家試験で頻出するので詳しく解説しよう。理想ダイオードとはこれまで説明してきたもので，理想でない（つまり現実の）ダイオードについては後で説明する。図2.59（a）は妙に波が混み合っているのですこし時間を引き延ばしてみよう（**図2.61**（a））。

66　2. 交流回路

わかりやすいように
図を引き延ばし，$E=10\,\text{V}$ とした

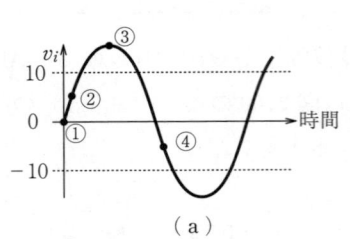

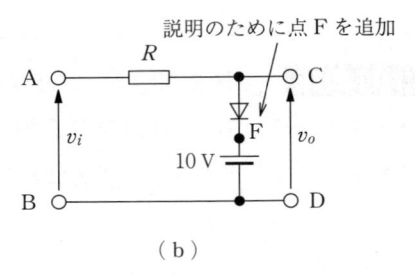

(a)

説明のために点Fを追加

(b)

図 2.61

また説明のために回路に点Fを追加しておく（図 2.61 (b)）。Fの電圧は電池のためにつねにDより 10 V 高い。またBとDは導線でつながっているので同電圧であり，Bを基準（アース）として考えるとBとDの電圧は 0 V である。Aの電圧はプラスとマイナスの間を行ったり来たりしている。考えるべきは**図 2.62** に示すとおり，① 電圧 $v_i=0$，② v_i が E より小さい，③ v_i が E より大きい，④ v_i がマイナス，の四つである。電圧 E というのもわかりやすく 10 V としておこう。解法としてはそれぞれの場合の各点での電圧を調べてD→Cの電圧をチェックすればよい。といってもDの電圧は 0 V なので，結局Cの電圧がわかればよい。

図 2.62

まず ① $v_i=0$ の場合である。電圧がかかっていないので，回路を描き直せば図①のようになる。A，B，Dの電圧は 0 V，Fの電圧は 10 V である。ダイオードには逆電圧がかかっているので回路に電流は流れない。これは抵抗の両端，つまりAとCは同電圧ということである（もしAとCの電圧が違ったら，抵抗に電流が流れることになってしまう）。以上よりCの電圧すなわちD→Cの電圧は 0 V である。この時点で解答は (1)，(3)，(5) に絞られる。

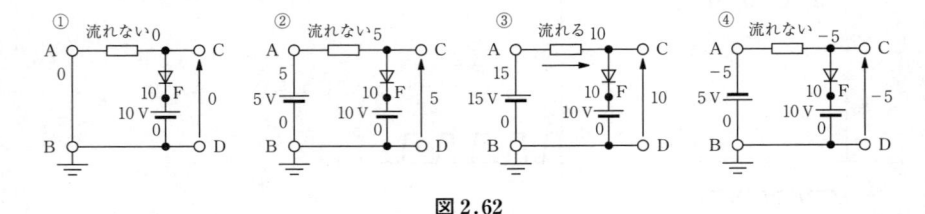

つぎに ② v_i が E（$=10\,\text{V}$）より小さい場合として $v_i=5\,\text{V}$ のときを考えてみよう。AはBより 5 V 高く 5 V，Fは 10 V。Fのほうが高いので電流はF→A方向に流れるはずだが，これはダイオードにブロックされて流れない。①と同様，抵抗の両端は

同電圧，この場合は5VになりD→Cの電圧は5Vである。解答は（1）か（5）のどちらかになる。

つぎは③ v_i がEより大きい場合で，$v_i=15$ V としてみよう。Aは15V，Fは10Vで，電流はA→F方向に流れる。この電流はダイオードも素通しである。AF間の電圧（5V）はすべて抵抗にかかり（つまり抵抗で5Vの電圧降下が起こり），Cの電圧は10Vとなる。D→Cの電圧は10Vである。つまりこの回路では入力 v_i が10Vより大きくなってもその分は抵抗で消費され，D→Cの電圧はつねに10Vとなる。解答が（1）か（5）かはまだわからない。

最後に④ v_i がマイナス，ここでは $v_i=-5$ V としてみよう。解答図で電池の向きが逆になっていることに注意してほしい。Bを0VとするとAはそれより5V低く，−5Vとなる。Fは10V。②と同じでFのほうが高いが電流は流れない。すると抵抗の両端は同電圧，この場合は−5VになりD→Cの電圧は−5Vである。ようやく解答にたどり着いた。答は（1）である。

実にややこしいと思われるだろうが，実際はもう少し解答時間を短くできる。コツは選択肢（1）〜（5）の違うところを調べるのである。まず① $v_i=0$ V の場合を調べ，（1），（3），（5）に絞る（もしここで出力が10Vだったらいきなり（2）が答だとわかる）。上の解答ではその後②③④の順に調べているが，本当は $v_i=-10$ V あたりを調べるとよい。$v_i=-10$ V のとき出力が−10Vなら（1）が答，出力が10Vなら（3）が答，出力が0Vなら（5）が答になる。◆

つぎの例題のように，もっと面倒な問題も出題されている。

例題2.13 図2.63（a）の回路の入力に図（b）の波形が加わったとき，出力波形の概形は図2.64の（1）〜（5）のうちどれか。ただし，ダイオードは理想的とする。

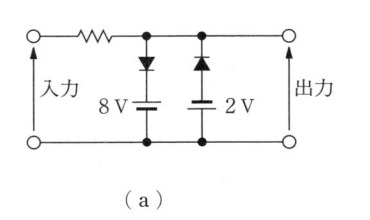

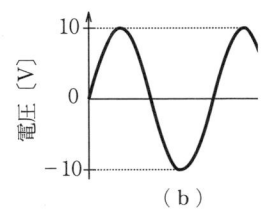

図2.63

68　2. 交流回路

(1) (2) (3) (4) (5)

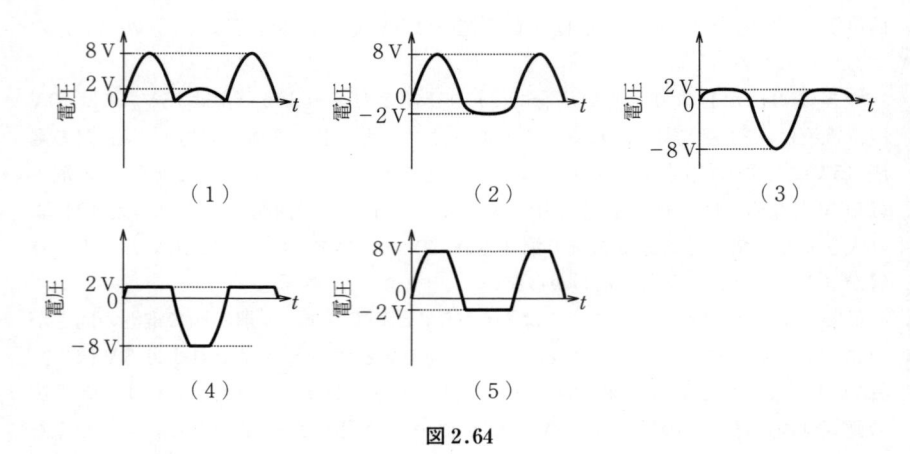

図 2.64

[解答]

本問は2003年の国家試験のものだが2010年にもほぼ同じ問題が出題されている。ダイオードと電池が2個ずつになり前問より複雑さが増している。といっても前問を理解していればそれほど難しくはない。前問と同じように解説してみよう（**図 2.65**, **図 2.66** 参照）。

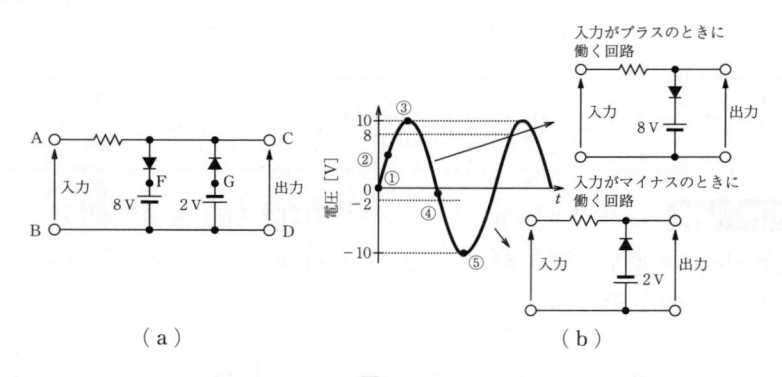

(a) (b)

図 2.65

図 2.66

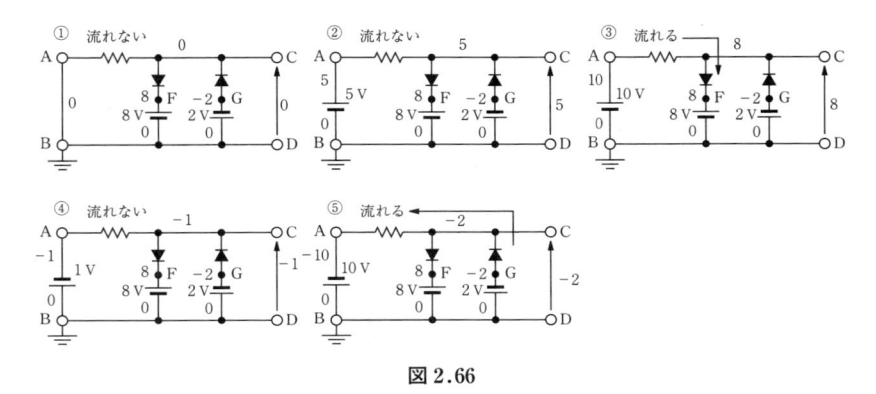

　BとDは同電圧で0V，Fは8V，Gは-2Vでこれはいつも変わらない。Cの電圧を調べればよい。

① 入力が0VのときはAも0V。A→F，G→Aはダイオードにとって逆電圧になり電流は流れない。したがって，CはAと同じ0Vになる。

② 入力が5VのときはAが5V。やはりA→F，G→Aはダイオードにとって逆電圧になり電流は流れず，CはAと同じ5Vになる。解答は（1），（2），（5）のどれかになる。

③ 入力が10VのときはAが10V。A→Fは順電圧となり電流が流れる。G→Aは流れない。「電流の流れているダイオードは導線，流れていないダイオードは断線」を思い出せばCはFと導線でつながっていることになる。つまりCとFは同電位で8Vである。これは入力が0〜8Vの間は入力電圧がそのまま出力されるが，入力が8Vを超えても出力は8Vのままという意味で，そのようになっているのは（5）だけである。つまり答は（5）。答は出たが解説はこのまま続けよう。

④ 入力が-1Vになる（電池の向きが逆）とAも-1V。A→F，G→Aはダイオードにとって逆電圧になり電流は流れず，CはAと同じ-1Vになる。

⑤ 入力が-10VになるとAも-10V。A→Fは逆電圧だがG→Aが順電圧となり電流が流れる。CはGと同電位の-2Vとなる。

　この回路は入力がプラスのときとマイナスのときに別の回路が働いているのであり，それに気づけば例題2.12の応用で「入力電圧がそのまま出力されるが，回路の電池の電圧を超える部分はカットされる」ことがわかり，見た瞬間に解答にたどり着ける。

　本問も解説のため詳しく分析しているが，本当は選択肢の違っている部分に注目して効率よく正解を探すべきである。　◆

面倒くさいから回路をそのまま覚えてしまう，というのも作戦ではあるが，それでは応用がきかない。例えば図 2.67（a）は図 2.63（a）とほとんど同じ回路であるが 2 V の電池の向きが逆である。この場合，出力は図（c）のようになる。さらにダイオードの向きを変えた問題も作ることができ，つまりバリエーションが豊富なので，対応法としてはやはり一つひとつ理屈を追っていくしかない。

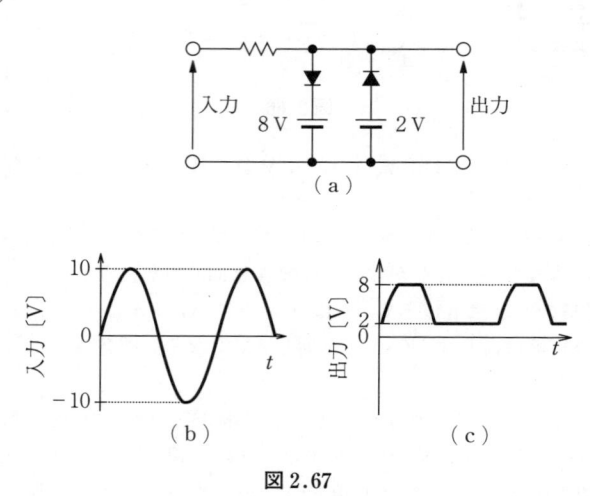

図 2.67

例題 2.14　図 2.68 の回路は，端子 A，B の電圧の高低に従って端子 X に高か低の信号を出力する。信号電圧の高（E〔V〕）および低（0 V）をそれぞれ 1，0 で表すと，正しい真理値表は**表 2.1** の（1）〜（5）のうちどれか。ただし，ダイオードは理想ダイオードとする。

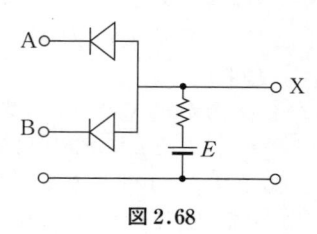

図 2.68

2.9 ダイオード　71

表2.1

(1) 入力		出力	(2) 入力		出力	(3) 入力		出力	(4) 入力		出力	(5) 入力		出力
A	B	X	A	B	X	A	B	X	A	B	X	A	B	X
0	0	0	0	0	0	0	0	1	0	0	0	0	0	1
0	1	0	0	1	1	0	1	0	0	1	1	0	1	1
1	0	0	1	0	1	1	0	0	1	0	1	1	0	1
1	1	1	1	1	0	1	1	1	1	1	1	1	1	0

【解答】

論理回路の問題のようなふりをしているが、内容はダイオードまわりの電圧問題。上から順に①$A=B=0$, ②$A=0$, $B=1$, ③$A=1$, $B=0$, ④$A=B=1$として考えてみよう。図2.69では点Cを追加している。ここは電池で昇圧されておりいつでもE〔V〕である。ついでにダイオードの三角がやけに大きいので、小さくしておいた。

① $A=B=0$の場合。C→AもC→Bもダイオードの順方向電圧なので電流が流れる。この電圧は抵抗で消費され、Xの電圧は0Vになる。これで選択肢の(3)と(5)が消える。

② $A=0$, $B=1$の場合。C→Aには電流が流れるが、CとBは同電圧なので電流が流れない。Xの電圧は0Vになる。これで答は(1)だとわかる。

③ $A=1$, $B=0$の場合。②と同様でありXの電圧は0Vになる。

④ $A=B=1$の場合。A, B, Cが同電圧となり電流は流れない。電流が流れない

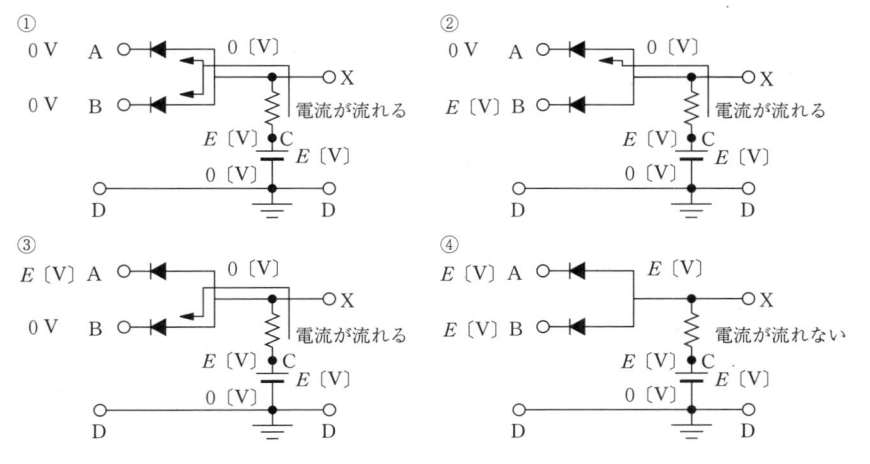

図2.69

ということは抵抗の両端が同電圧ということでXはE〔V〕になる。
この回路はダイオードで作ったAND回路である。　　　　　　　　　　　　　◆

2.9.3　実物のダイオード

　これまで説明してきたダイオードは理想ダイオードと呼ばれるもので，実際には存在しない。試験に出るダイオードはほとんどの場合，理想的とされるので問題ないが，ごくまれに本物のダイオードの特性に関する問題が出されることがあるのでここで簡単に説明しておこう。
図2.70（a），（b）のような回路でダイオードかかる電圧（電源電圧）とダイオードに流れる電流を調べる。理想ダイオードでは逆方向電圧のときは断線，順方向電圧のときはただの導線であるので，その電流-電圧特性は図（c）のようになる。つまり逆方向では抵抗が無限大で電流は流れず，順方向では抵抗0で無限大の電流が流れる。しかし現実のダイオードでは図（d）のように逆方向でも電流が流れる（といっても非常に微量なのでほぼ0といってもよい）。そして逆方向電圧を上げすぎると一気に電流が流れる。これはつまり「ダイオードが壊れた」状態である。これを降伏という。次に順方向電圧の場合は電圧が小さいときには電流が流れない。ダイオードの種類にもよるが順方向電圧が0.6V（順電圧）を超えたあたりから電流が流れ始める。それも理想ダイオードのようにいきなり無限大の電流が流れるわけではなく，電圧の増加とともに徐々に

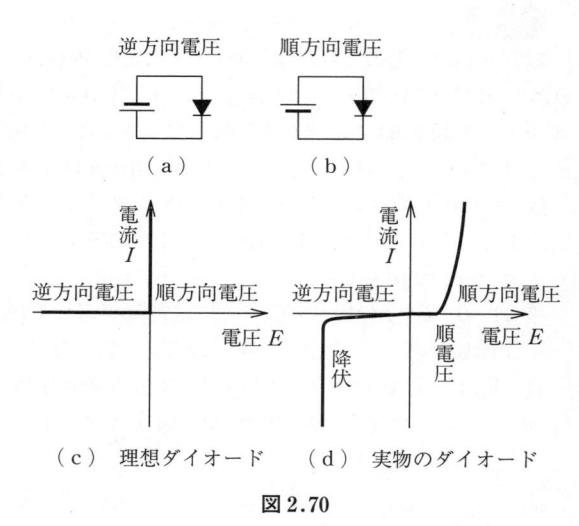

電流が増える。徐々にといってもその立ち上がりは非常に急峻である。

2.9.4 ダイオードの種類

ダイオードにはその性能によってたくさんの種類があり，それぞれ異なる用途に使用されている。よく試験に出るのはツェナーダイオードであるが，それ以外のものもまとめて説明する。

- ツェナーダイオード

別名は定電圧ダイオード。ツェナーは人名。記号は ─▶├─ 。三角の前の｜にひげが生えている。三角部分が白抜きのものもあるが同じ。原理などを無視してざっくり説明すると，通常のダイオードは順方向電圧に対して順方向に電流を流すが，逆方向にいくら電圧をかけても逆方向には電流が流れない（と考えてよい）。ツェナーダイオードは順方向に関しては通常のものと同じだが，逆方向電圧に対する挙動が異なる。例えばツェナー電圧3Vのツェナーダイオードに，逆方向電圧2Vをかけても電流は流れないが，4Vの電圧をかけると1V分の電流が流れるのである。例題で説明してみよう。

例題2.15 図2.71のツェナーダイオード（ツェナー電圧3V）を用いた回路で抵抗Rに流れる電流I〔mA〕はどれか。

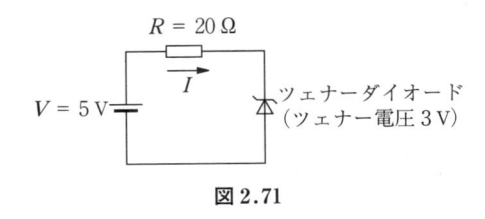

図2.71

(1) 0 　(2) 100 　(3) 150 　(4) 250 　(5) 400

解答

電圧の向きが逆方向なので，通常のダイオードだと電流は流れないが，ツェナーダイオードだと話が違う。ツェナー電圧3Vに対して5Vの逆方向電圧がかかっているので電流が流れる。5Vのうち3Vはツェナーダイオードが食ってしまい，抵抗にかかる電圧は2Vになる。後はオームの法則で流れる電流は$I = 2/20 = 0.1\,\text{A} = 100\,\text{mA}$で答は（2）となる。◆

2. 交流回路

- **発光ダイオード**

英語だと light emitting diode で，その頭文字をとったのが LED。電流が流れると光る。記号は ─▷▌─ 。矢印が「光ってます」感をかもし出している。

- **フォトダイオード**

光が当たると電流が流れる。光の検出などに用いる。

- **可変容量ダイオード**

実はダイオードはコンデンサの性質も持っているが，通常はそのことを考える必要はない。可変容量ダイオードはこの性質を積極的に利用したもので，加える電圧によってコンデンサの C〔F〕（静電容量）が変化する。

- **トンネルダイオード**

日本の江崎玲於奈博士が発明した。江崎博士はこれによってノーベル賞を受賞している。通常は順方向電圧が大きくなると流れる電流も増すが，トンネルダイオードは電圧が大きくなると電流が少なくなる。その原理は半導体内部のトンネル効果（量子力学の用語）によるものなのでこの名がついている。

本章のまとめ

交流回路の理論は初学者には非常に複雑・難解であり，まとめだけでもかなりの分量になる。式などは覚えてしまうほうが早いものもあるが，理屈を飛ばして暗記だけに頼っていると，応用問題に対応できない。以下のまとめを見ながら，本文の説明を読み返し，過去問を解くという 3 段階を踏んでようやく理解できる（解答のコツがつかめる）。面倒ではあるが，それが交流理解の一番の早道であることを信じて，学習を進めていただきたい。

- **周期** T〔s〕：1 回の繰り返しにかかる時間（**図 1** では 0.1 s）。
- **周波数** f〔Hz〕：1 秒間に何回の繰り返しがあるか（図では 10 Hz）。

$$f = \frac{1}{T}$$

- **角周波数** ω〔rad/s〕：1 秒間に何回の繰り返しがあるか。ただし，1 回の繰り返しを 2π と数える（図 1 では 20π rad/s）。

$$\omega = 2\pi f$$

- **実効値**：交流の大きさを表す。

本章のまとめ

$$\text{実効値} = \frac{\text{振幅}}{\sqrt{2}}$$

- **振幅**：交流の大きさを表す。基準点（普通は0V）から最大値（最小値）までの大きさ。
- **ピーク to ピーク**：交流の大きさを表す。最大最小間の大きさ。

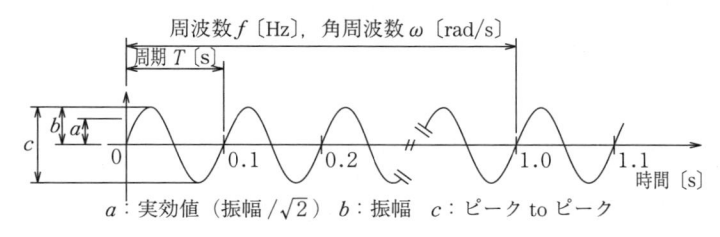

図1

a：実効値（振幅$/\sqrt{2}$）　b：振幅　c：ピーク to ピーク

- **位相**：交流の「ずれ」。1周期を360°$=2\pi$〔rad〕で表し，どれだけずれているかを示すもの。進んでいるときはプラス，遅れているときはマイナス。②は①より位相が進んでいる（**図2**では72°$=2\pi/5$ rad）。③は①より位相が遅れている（図2では$-72°=-2\pi/5$ rad）。

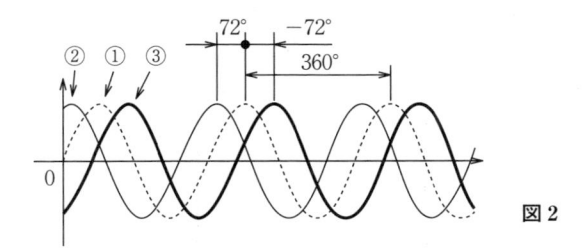

図2

- **交流を表す式**（図3）

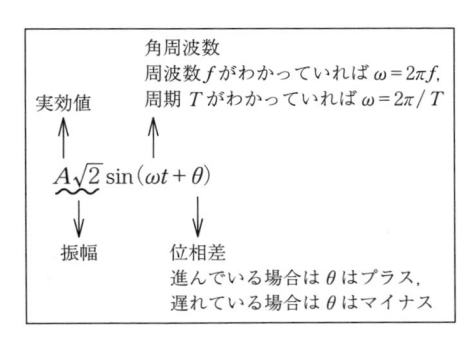

実効値　　角周波数
　　　　　周波数 f がわかっていれば $\omega=2\pi f$，
　　　　　周期 T がわかっていれば $\omega=2\pi/T$

$$A\sqrt{2}\sin(\omega t+\theta)$$

振幅　　位相差
　　　　進んでいる場合は θ はプラス，
　　　　遅れている場合は θ はマイナス

図3

- **コイル**（コンデンサと逆の電気的性質を持つ）

  インピーダンスは $j\omega L$ 　（L の単位は H（ヘンリー））

  直流に対してはただの電線で（抵抗 0），ないのと同じ。$f=\infty$ の交流に対してはただの断線（抵抗無限大）。

  コイルに流れる電流は，コイルにかかる電圧より位相が 90°遅れる。

- **コンデンサ**（コイルと逆の電気的性質を持つ。）

  インピーダンスは $\dfrac{1}{j\omega C}$ 　（C の単位は F（ファラド））

  直流に対してはただの断線（抵抗無限大）。$f=\infty$ の交流に対してはただの電線で（抵抗 0），ないのと同じ。

  コンデンサに流れる電流は，コンデンサにかかる電圧より位相が 90°進む。

- ***RLC* 直列回路**

  合成インピーダンス： $Z = R + j\left(\omega L - \dfrac{1}{\omega C}\right)$

  大きさ： $Z = \sqrt{R^2 + \left(\omega L - \dfrac{1}{\omega C}\right)^2}$

  Z の位相： $\theta = \tan^{-1}\dfrac{\omega L - \dfrac{1}{\omega C}}{R}$

  図 4 をイメージとして持っておくとよい。

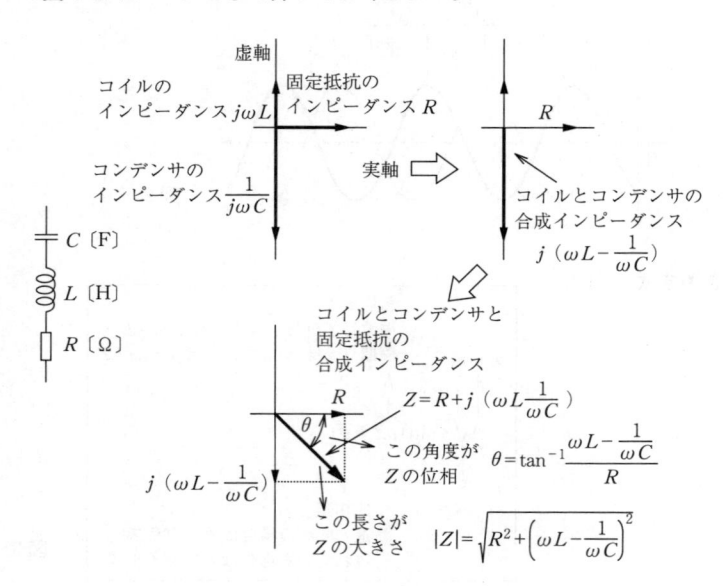

図 4

RLC 直列回路では電源の周波数が変われば流れる電流の大きさとその位相が変わる。その変化の様子は**図5**のとおり。

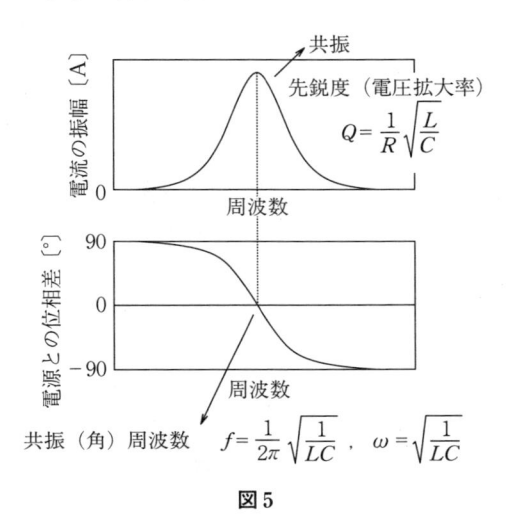

図5

山型になる現象を共振という。

共振（角）周波数は

$$\omega = \sqrt{\frac{1}{LC}}, \quad f = \frac{1}{2\pi}\sqrt{\frac{1}{LC}}$$

共振時のインピーダンスは R, 位相は $0°$。

山のとがり具合＝先鋭度または電圧拡大率 $Q = \dfrac{1}{R}\sqrt{\dfrac{L}{C}}$

- **RLC 並列回路**

  合成インピーダンス大きさは $|Z| = \dfrac{1}{\sqrt{\dfrac{1}{R^2} + \left(\dfrac{1}{\omega L} - \omega C\right)^2}}$

  Z の位相は $\tan^{-1} R\left(\dfrac{1}{\omega L} - \omega C\right)$

- **フィルタ（表1）**

表1

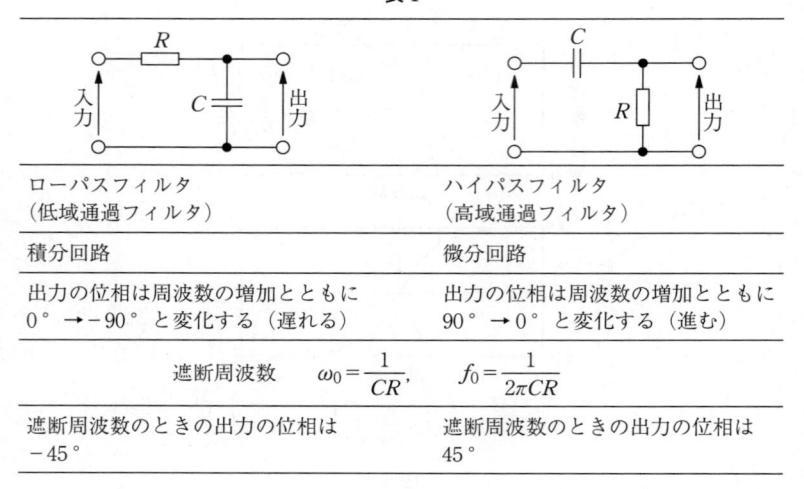

ローパスフィルタ （低域通過フィルタ）	ハイパスフィルタ （高域通過フィルタ）
積分回路	微分回路
出力の位相は周波数の増加とともに $0°\to-90°$ と変化する（遅れる）	出力の位相は周波数の増加とともに $90°\to0°$ と変化する（進む）
遮断周波数　$\omega_0=\dfrac{1}{CR}$,	$f_0=\dfrac{1}{2\pi CR}$
遮断周波数のときの出力の位相は $-45°$	遮断周波数のときの出力の位相は $45°$

- RC 直列回路に直流電源とスイッチをつける。スイッチを ON-OFF すると過渡現象が生じる。

  流れる電流 I，R にかかる電圧 E_R，C にかかる電圧 E_C を表す式，グラフは図6のとおり。

  時定数は $\tau=CR$ 〔s〕。遮断角周波数の逆数である。

  $t=CR$ のとき E_C は電源電圧 E の 63 %，E_R は電源電圧 E の 37 % になる。

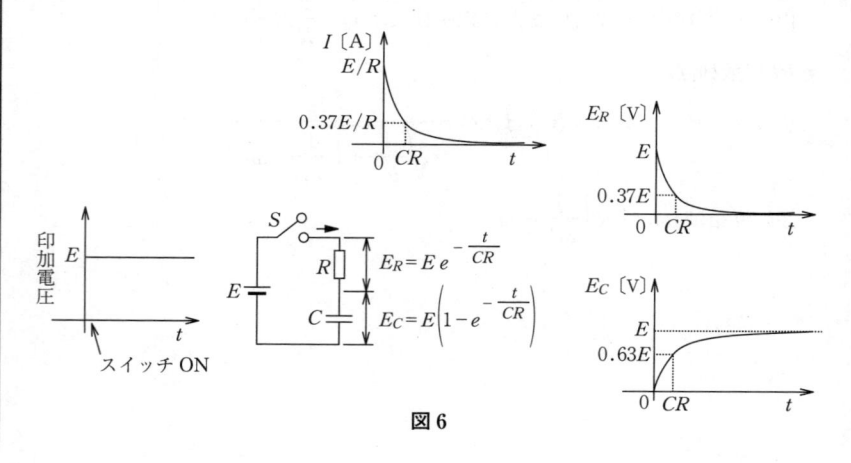

$$E_R=Ee^{-\frac{t}{CR}}$$

$$E_C=E\left(1-e^{-\frac{t}{CR}}\right)$$

図6

- RL 直列回路の時定数は $\tau = \dfrac{L}{R}$ 〔s〕
- **ダイオード**
  電流の一方通行デバイス。
  整流機能を持つ。
  全波整流とその回路は**図7**のとおり。

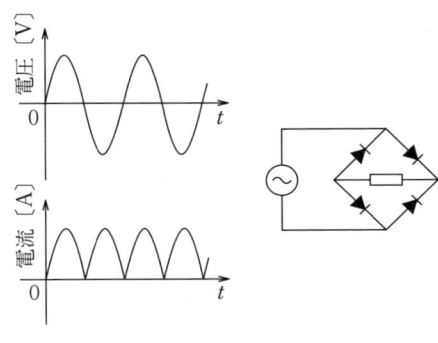

図7

ダイオードまわりの電圧を考えるときは以下の点に注意して回路各部分の電圧を追っていく。
アノード側の電圧がカソード側より高いときに電流が流れる（**図8**）。電流が流れているときダイオード両側での電圧変化はない。
抵抗に電流が流れると抵抗にかかっている電圧分，電圧が下がる。抵抗に電流が流れていないときは抵抗の両端に電圧差がない。
電線でつながっている部分は同電圧。

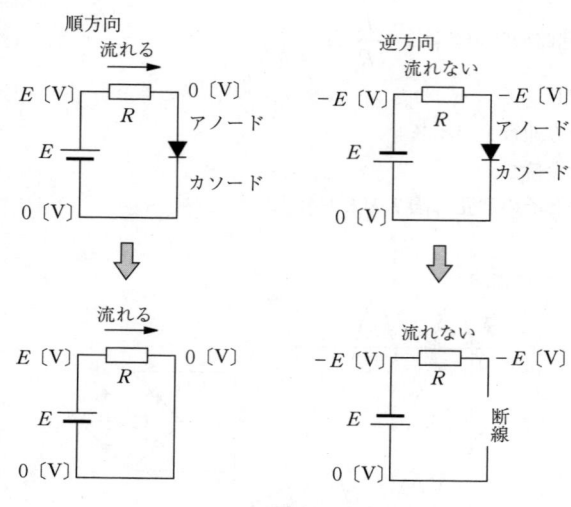

図8

ツェナーダイオード（定電圧ダイオード）は逆電圧がツェナー電圧を超えると電流が流れる。その際，ツェナーダイオードがツェナー電圧分の電圧を食い，回路にかかる電圧は逆電圧－ツェナー電圧になる。

3. 電磁気学

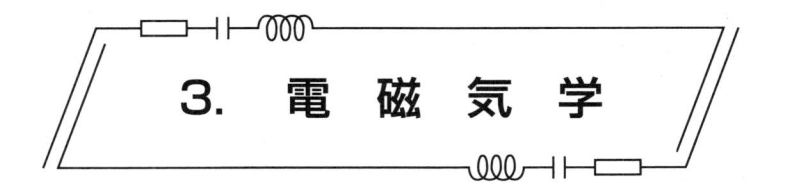

電流が流れると周囲に磁気が発生し，発生した磁気は流れる電流に影響する。電気と磁気はたがいに影響し合う。その理論を電磁気学と呼びME 2種や国家試験に頻出する内容である。

3.1 電　荷

これまでなんの説明もなしに「電流 I〔A〕が流れる」などといってきたが，電流ってなんなのだろう。電流とは電気を帯びたもの，例えば電子やイオンなどの流れである。電気を帯びたもののことを電荷という。導線に電流が流れるとは導線の中を電荷が移動していくということである。電流はプラスからマイナスに流れる。金属の中を電流が流れるときに移動している電荷は電子で，ご存じのように電子の電荷はマイナスである。したがって電子はマイナス側からプラス側に流れる。電流とは逆向きである。最初に電流の向きをプラスからマイナスと決めてしまったので，後からその実体が逆に動いているとわかってもいまさら変えられなかったわけですね。電流の大きさは電荷の大きさと電荷の流れる勢い，すなわち1秒間にどのくらいの電荷が流れるかで決まる。そこで1Aの電流が流れているとき1秒間に流れる電荷（電気量）を1C（クーロンと読む）として，電荷の基本単位とする。当然，2Aの電流が流れているとき3秒間に流れる電荷（電気量）は6Cとなり，式で書けば

$$Q=It \quad (Q：電荷〔C〕,\ I：電流〔A〕,\ t：時間〔s〕) \qquad (3.1)$$

である。

電子の電荷は$-1.602\,176\,565\times 10^{-19}$C，陽子の電荷は$1.602\,176\,565\times 10^{-19}$C（電子と同じで符号が逆）である（この数字は参考のために記したもので試験には出ない）。

3.2 電　　　場

電場とは電界ともいい，広辞苑によれば「電荷のまわりに存在する力の場」である。力の場とはなんぞや？　図3.1を見てほしい。(a)は何もない空間（真空空間）である。そこに(b)において1個の陽子Aが出現した（どうして陽子が出現したかは突っ込まないこと）。この陽子Aは何の力も受けない。ところが(c)のようにもう1個の陽子Bが出現すると，最初の陽子Aも後の陽子Bも，たがいに離れ合うような力（斥力）を受ける。陽子というプラスの電荷どうしが近くにあるのだから当然である。さて(a)→(b)のときは何も起こらなかったのに(b)→(c)のときは斥力が発生するのだから，(b)の時点で空間の性質が変わったと考えることができる。(b)の空間の性質は容易に想像でき

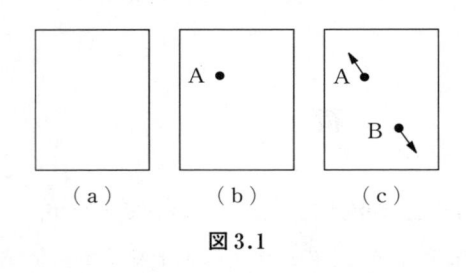

- マイナスの電荷をAに引き寄せ，プラスの電荷は遠ざける。
- この性質はAからの距離が近いほど強い。

などが考えられる。実際そのとおりであり，このような性質を持つ空間およびその性質を電場（電界）という。(a)では電場は存在しないが(b)の空間には電場が生じているわけである。(b)に生じている電場は一様なものではなく，例えば2個目の陽子BがAの近くに発生すれば強い斥力を受けるし，BがAの非常に遠くに発生すればほとんど力を受けない。図3.2はその様子を描いたものであるが，実際は図のように平面的ではなく3次元的に電場が生じ

ることは理解できるだろう。電場は1Cの電荷に働く力で定義され、大きさと向きを持つのでベクトル場である。

図3.1（c）のAとBに働く力を考えよう。図3.1（c）ではAもBも陽子であるとしたが、ここでは単なる荷電粒子（電荷）であるとする。AB間に働く力はつぎの三つで決まる。

図 3.2

① AとBの電荷量（大きいほど働く力も大きい）
② AB間の距離（距離が離れると働く力は小さくなる）
③ AB間に何があるか（真空か空気か水か金属かセラミックスか、など）

これを式にすると、つぎのようになる（証明略）。

$$F = \frac{1}{4\pi\varepsilon}\frac{Q_1 Q_2}{r^2} \tag{3.2}$$

Q_1〔C〕、Q_2〔C〕はそれぞれAとBの電荷、r〔m〕はAB間の距離、ε〔F/m〕はAB間に何があるかを示すパラメータで誘電率と呼ばれる。F〔N〕がAB間に働く力で、プラスなら斥力（例えば$Q_1=1$C、$Q_2=1$C、同種類の電荷、陽子と陽子、電子と電子など）、マイナスなら引力（例えば$Q_1=1$C、$Q_2=-1$C、異種類の電荷、陽子と電子など）となる。

電場の大きさは、その電場の中に1Cの電荷をおいたときの力で表す。式(3.2)で$Q_2=1$CのときのFがQ_1によるQ_2の位置の電場の強さになるわけである。強さEの電場中にQ〔C〕の電荷がある場合、この電荷に働く力FはF〔N〕$=EQ$である。ここから電場の単位はN/Cとなるが、普通はV/mが使われる（N/C=V/m、後述）。

例題 3.1 10μCと20μCの点電荷が0.5m離れている。この電荷間に働く力はどれか。ただし、$1/4\pi\varepsilon_0 = 9\times10^9$ N·m²·C⁻² とする。

（1） 0.0072 N （2） 0.072 N （3） 0.72 N
（4） 7.2 N （5） 72 N

解答

誘電率は ε で表されるが，本問では ε_0 となっている。普通，ε_0 は真空の誘電率を表すので，本問の電荷は真空中におかれていると考えられる。ただし $1/4\pi\varepsilon_0$ の値は問題文で与えられるのが普通である。解き方は単純で式（3.2）に値を代入するだけである。答は（4）の 7.2 N となる。

この問題で $Q_1 = Q_2 = 1$ C，距離を 1 m とすると，この電荷に働く力は 10^9 N ≒ 10^8 kgf，約 10 万トンもの力になる。 ◆

例題 3.2 図 3.3 のように正三角形の頂点 A，B，C にそれぞれ $-q$ [C]，$-q$ [C]，$+q$ [C] の電荷がある。頂点 A にある電荷に働く力の向きはどれか。ただし，向きは辺 BC に対する角度で表す。

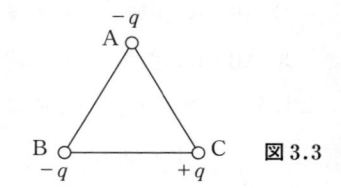

（1） 0 度　（2） 60 度　（3） 90 度　（4） 120 度　（5） 150 度

図 3.3

解答

電荷が複数になってもあせる必要はない。A と B はマイナス同士なので斥力，A と C はマイナスとプラスなので引力が働く。三つの電荷は同じ大きさ（q [C]）で距離も等しいので力の大きさは同じ。図に描けば**図 3.4** のようになり，A に働く力は B による斥力と C による引力を合わせたもの（合力）になる。向きは右側で辺 BC に対する角度は 0 度，すなわち（1）が正解である。 ◆

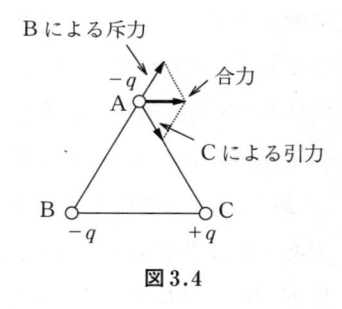

図 3.4

例題 3.3 真空中に正電荷で帯電した半径 r の球形導体がある。電界強度が最も大きい部分はどれか。

（1） 導体の中心点　（2） 導体の中心から $0.5r$ 離れた位置
（3） 導体表面近傍で導体内の位置　（4） 導体表面近傍で導体外の位置
（5） 導体中心から $2r$ 離れた位置

解答

正電荷で帯電した半径 r の球形導体なるものを赤道面で切って，上から眺めてみよう（**図3.5**）。まず (4) と (5) であるが，このうち最も電界強度が大きいのは (4) である。理由は簡単，電荷から離れていくと距離の二乗で電界強度は減っていく。さて (1)，(2)，(3) だ

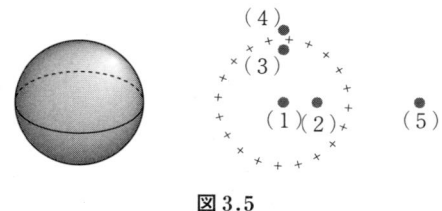

図3.5

が，じつは帯電した球形導体の内部はどこでも電界強度が 0 になる。ベクトル解析の手法を使って証明することは可能だが，その数学は本書の範囲を超えると思われるので定性的に説明する。例えば (1) の位置に電子を置くと，全方向から同じ力で引っ張られるので，それらの合力は 0 になり，電界強度 0 ということになる。また，(3) の位置ではすぐ上の + に強く引っ張られるが，下のほうのたくさんの + からも弱く引っ張られており，結局，合力は 0 になる。以上，まとめると電界強度が最も大きい部分は (4) である（つぎが (5) で，(1)，(2)，(3) は 0）。　◆

3.3　電　　位

図3.6 の抵抗 R にかかっている電圧は 10 V である。これは点 A が 0 V で点 B が 10 V だということではない。例えば点 A が 25 V で点 B が 35 V でもいいのである。つまりこの 10 V は 0 V から測った点 A の電圧と 0 V から測った点 B の電圧との電圧差である。この 0 V から測った電圧を電位と呼び，単位は V（ボルト）である。

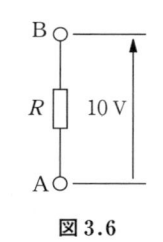

図3.6

電圧があれば電流が流れる（電荷が移動する）。電場が発生している空間に電荷があれば，その電荷は電場から力を受けて移動する。つまり電場の各点に電圧を定義できる。2 点間を 1 C の電荷を移動させるのに 1 J の仕事が必要となるとき，その 2 点間の電位差（電圧）が 1 V である。もし 2 V の電位差（電圧）があるところで 3 C の電荷を移動させよう

と思ったら6J必要になる。電位差（電圧）×電荷＝仕事（エネルギー）であり，単位で書けばV・C＝Jとなる。

さて図3.7のように一様電界Eの中に電荷q〔C〕があるとき，qは右向きにEq〔N〕の力を受ける。この力に逆らってqを左向きにr〔m〕動かすのに必要な仕事（エネルギー）は仕事＝力×距離であるからEqr〔J〕である。言葉で書けば電界×電荷×距離＝仕事（エネルギー）であるが，先ほどの電位差（電圧）×電荷＝仕事（エネルギー）を考えると電界×距離＝電位差（電圧）となり電界の単位はV/mとなる。

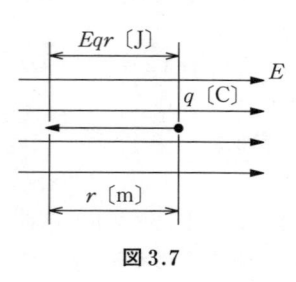

図3.7

ではQ〔C〕の点電荷からr〔m〕だけ離れた地点の電位V〔V〕はいくらだろう。この地点の電場の大きさはこの場所に1Cの電荷を置いたときの力であり

$$E=\frac{1}{4\pi\varepsilon}\frac{Q}{r^2}$$

である。電界×距離＝電位差（電圧）であるから，この地点の電位は

$$V=\frac{1}{4\pi\varepsilon}\frac{Q}{r}$$

となる。これはかなり雑な証明で，正しく計算するためには無限遠点からの積分という計算をしなければならない。

本項の説明は特に電位の定義において少々あやしいのであるが，試験問題を解く上ではこのような理解で問題はない。

例題3.4　図3.8のような一様電界中の点Aに$+q$〔C〕の電荷がある。この電荷をAからBへ動かすときの仕事〔J〕はどれか。ただし，電界の強さをE〔V/m〕，BC間の距離をx〔m〕，CA間の距離をy〔m〕とする。

（1） qEx
（2） qEy
（3） $qEx+qEy$
（4） $qEx/\sin\theta$
（5） $qEx/\cos\theta$

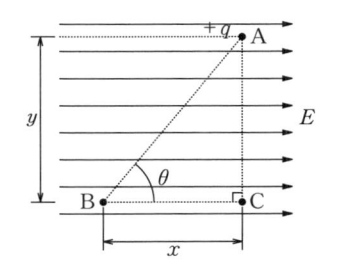

図 3.8

解 答

電界の強さは E 〔V/m〕で一様である。意味はこの電界中のどこに1Cの電荷をおいても E 〔N〕の力を受けるということ。q 〔C〕だと qE 〔N〕の力になる。力の向きは矢印の方向，図3.8では右側である。放っておくと qE 〔N〕の力を受けて右に動いていく電荷を左のBの位置まで持っていくのだから，それなりのエネルギーが必要になる。ところでこの状況，重力場における物体とよく似ている，というか同じである。実際，図3.8を90°回して重力場とし（**図3.9**），その強さを g（重力加速度），q 〔C〕の電場を m 〔kg〕の質量と考えれば位置AからBまで持ち上げるのに必要なエネルギーは mgh であり，h は高さなのでこの場合は x である。mg に対応するのは qE なので，答は（1）の qEx となる。y や θ はフェイクであり関係ない。 ◆

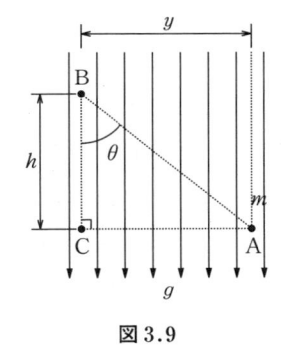

図 3.9

3.4 コンデンサの性質

3.4.1 静 電 容 量

2章で活躍したコンデンサについて，さらにその性質を調べてみる。コンデンサは2枚の電極板と電極板間の絶縁体で構成されている（**図3.10**。これは最も基本的な平行平板コンデンサの構造であり，実際には用途によりさまざまな構造のものがある）。コンデンサを示す記号 ─┤├─ はまさにこれを表している。さて2章で述べなかったコンデンサの重要な性質は，コンデンサが電荷を

図3.10

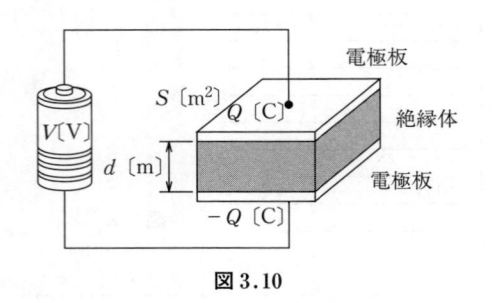

蓄えることができるという点である。図3.10のようにコンデンサと電池を接続すると，これは直流回路なので電流は流れずコンデンサは断線と見なせるが，本当の断線と違うところは電池のプラス側がつながっている電極はプラスに帯電し，マイナス側がつながっている電極はマイナスに帯電するという点である。帯電するというのはそこに電荷が生じるということであり，つまりコンデンサが充電されるわけである。生じる電荷はプラス側，マイナス側で同量である。ここではプラス側に Q〔C〕，マイナス側に $-Q$〔C〕の電荷が生じたとしよう。この Q の大きさはコンデンサにかける電圧 V で決まり，当然ながら V が大きいほど Q も大きい。

$$Q〔C〕= C〔F〕\cdot V〔V〕 \tag{3.3}$$

C は比例定数でコンデンサの静電容量という。2章で出てきた $1/j\omega C$ の C である。静電容量 C の単位は2章でも出てきたがF（ファラド）である。式 (3.3) は，静電容量1Fのコンデンサに1Vの電圧をかけたときに1Cの電荷が溜まるのという意味になる。アルファベットの C は静電容量を表す場合と電荷の単位クーロンを表す場合があるが，混同することはないだろう。

静電容量 C はコンデンサの形や材質で決まる。具体的にいうと，電極板の面積 S〔m²〕，電極板間の距離 d〔m〕，電極板間の材質，この場合は誘電率 ε〔F/m〕であり

$$C = \varepsilon \frac{S}{d} \tag{3.4}$$

となる。誘電率を表すのに具体的な数字ではなく真空の誘電率 ε_0 の何倍，という表現を使うことがあり，これは比誘電率と呼ばれ ε_r などと書かれることがある。$\varepsilon = \varepsilon_0 \cdot \varepsilon_r$ であるから，式 (3.4) は

3.4 コンデンサの性質　89

$$C = \varepsilon_0 \varepsilon_r \frac{S}{d} \tag{3.4'}$$

と書かれることもある（(3.4′) で説明している本のほうが多い）。

例題 3.5　図 3.11 の回路でコンデンサに蓄えられている電荷量の値〔C〕（クーロン）はどれか。

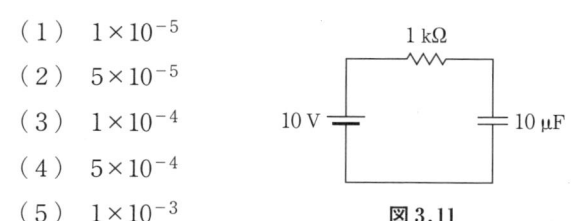

（1）　1×10^{-5}
（2）　5×10^{-5}
（3）　1×10^{-4}
（4）　5×10^{-4}
（5）　1×10^{-3}

図 3.11

解 答

式 (3.3) から，コンデンサに加わっている電圧がわかれば，それに $10\,\mu\text{F} = 10 \times 10^{-6}\,\text{F}$ をかければ答になる。電源は直流なので，回路的にはコンデンサは断線であり，抵抗には電流が流れない。コンデンサには**図 3.12**（a）のように 10 V がかかることになる。計算は $(10 \times 10^{-6})\,[\text{F}] \times 10\,\text{V} = 1 \times 10^{-4}\,[\text{C}]$ で（3）が答である。ただしコンデンサに 10 V がかかり $1 \times 10^{-4}\,\text{C}$ が蓄えられるのは図（b）でスイッチ S をオンにしてから十分な時間がたった後のことである。この回路の時定数は $RC = 0.01$ 秒であるからスイッチオン後 0.01 秒ではコンデンサにかかる電圧は 6.3 V，蓄えられる電荷は $0.63 \times 10^{-4}\,\text{C}$ になる。◆

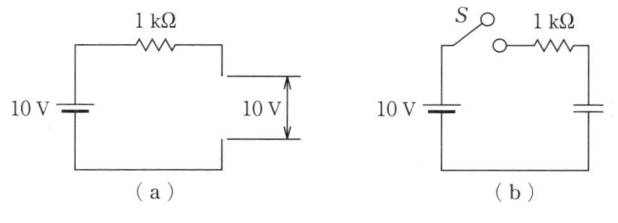

図 3.12

3.4.2 コンデンサの接続

二つ以上のコンデンサは一つのコンデンサにまとめて考えることができる（**図 3.13**）。二つのコンデンサ C_1 〔F〕と C_2 〔F〕が接続されているとき，合成静電容量は

並列接続のとき： $C = C_1 + C_2$ (3.5)

直列接続のとき： $C = \dfrac{1}{\dfrac{1}{C_1} + \dfrac{1}{C_2}} = \dfrac{C_1 \times C_2}{C_1 + C_2}$ (3.6)

となる。抵抗の接続のときと逆パターンである。三つのコンデンサの場合は

$$\frac{C_1 \times C_2 \times C_3}{C_1 + C_2 + C_3}$$

ではなく

$$\frac{1}{\dfrac{1}{C_1} + \dfrac{1}{C_2} + \dfrac{1}{C_3}}$$

で計算しなければならない点も同じである。

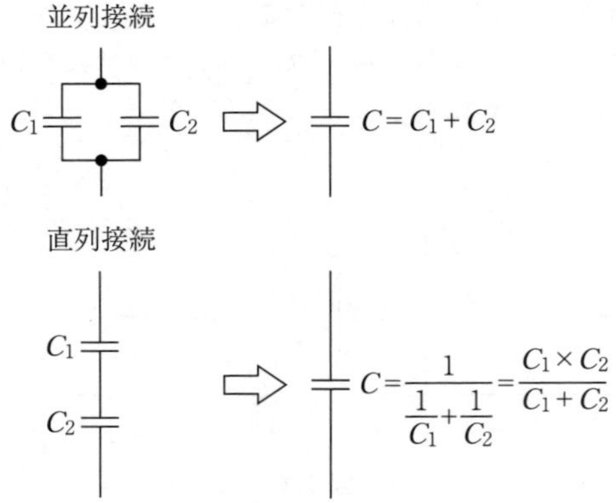

図 3.13

例題 3.6
図 3.14 の回路の合成静電容量はどれか。

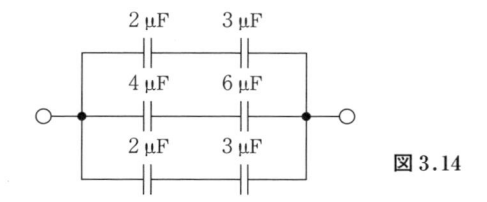

```
         2 μF    3 μF
      ┌──┤├─────┤├──┐
      │              │
      │   4 μF  6 μF │
      ├──┤├─────┤├──┤
    ○─┤              ├─○
      │   2 μF  3 μF │
      └──┤├─────┤├──┘
```
図 3.14

(1) 1.2 μF　(2) 2.0 μF　(3) 2.4 μF　(4) 4.0 μF　(5) 4.8 μF

解 答

まず直列部分を計算すると図 3.15 のようになる。並列部分はこれらを足して 4.8 μF となる。正解は（5）である。　◆

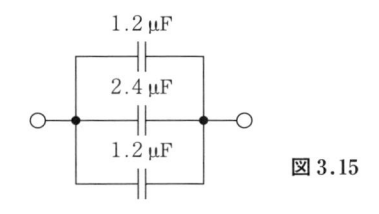

```
         1.2 μF
      ┌──┤├──┐
      │       │
      │ 2.4μF │
    ○─┤──┤├──├─○
      │       │
      │ 1.2μF │
      └──┤├──┘
```
図 3.15

例題 3.7
2枚の平行平板電極から成るコンデンサがある。電極面積は S であり電極間は空気で満たされている。この電極を水平に支えるため，図 3.16 のように中央部に誘電体円柱を挿入した。誘電体水平断面の面積は $S/2$，比誘電率は5である。挿入前の静電容量と挿入後の静電容量との比で最も近いのはどれか。

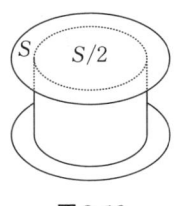

図 3.16

(1) 1:1　(2) 1:2　(3) 1:3　(4) 1:4　(5) 1:5

解 答

空気の誘電率は真空の誘電率 ε_0 とほぼ同じであり比誘電率でいえば1となる。電極間の距離が書かれていないので d としておこう。問題文に出てくる誘電体とは絶縁体の別名である。まず，最初の状態の静電容量を計算してみる。これは簡単で，

式 (3.4′) そのままで $C_{(最初)} = \varepsilon_0 \cdot S/d$ となる。誘電体挿入後は断面積 $S/2$, 電極間距離 d, 比誘電率 1 ($\to C_1 = \varepsilon_0 \cdot S/2d$) のコンデンサと, 断面積 $S/2$, 電極間距離 d, 比誘電率 5 ($\to C_2 = 5\varepsilon_0 \cdot S/2d$) のコンデンサが並列になっていると考えることができ, その合成静電容量は $C_{(後)} = C_1 + C_2 = 3\varepsilon_0 \cdot S/d$ である。誘電体の挿入によって静電容量が 3 倍になったわけで, 答は (3) となる。　◆

このように計算方法を知っていれば問題は解けるわけだが, なぜそうなるのか, 理由を説明しておこう。ただし試験には出ない。

図 3.17 のようにコンデンサ C_1 〔F〕と C_2 〔F〕が並列に接続されていて, 電圧 V 〔V〕につながっている。並列なので二つのコンデンサには等しく V 〔V〕がかかっている。このときコンデンサ C_1 には VC_1 〔C〕の電荷が, C_2 には VC_2 〔C〕の電荷が蓄えられる。合計の電荷量は $VC_1 + VC_2 = V(C_1 + C_2)$ 〔C〕となり, これは $C_1 + C_2$ 〔F〕のコンデンサに V 〔V〕がかかっているのと同じである。したがって合成静電容量は $C_1 + C_2$ 〔F〕となる。

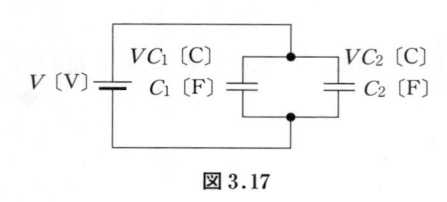

図 3.18 は直列接続の場合である。C_1 のプラス側に $+Q$ 〔C〕の電荷が生じたとするとマイナス側には $-Q$ 〔C〕の電荷が生じる。これに誘起され C_2 のプラス側に $+Q$ 〔C〕の電荷が, マイナス側に $-Q$ 〔C〕の電荷が生じる。つまり各コンデンサに蓄えられる電荷量が同じ (Q 〔C〕) になる。中間にある電荷はプラスマイナスでキャンセルし合い, 合成コンデンサに蓄えられる電荷量は Q 〔C〕であると考えることができる。それぞれのコンデンサにかかっている電圧を V_1, V_2 とすると $V_1 = Q/C_1$, $V_2 = Q/C_2$, $V_1 + V_2 = V$ (電源電圧)

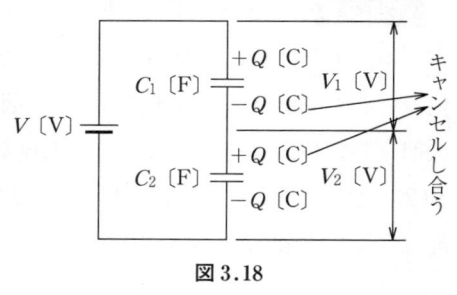

3.4 コンデンサの性質　93

であるから合成静電容量を C〔F〕とすると

$$C = \frac{Q}{V} = \frac{Q}{V_1 + V_2} = \frac{Q}{\dfrac{Q}{C_1} + \dfrac{Q}{C_2}} = \frac{1}{\dfrac{1}{C_1} + \dfrac{1}{C_2}}$$

となって式（3.6）が導かれる。

例題 3.8　図 3.19 のようにコンデンサを電池に接続したとき，AB 間の電圧はどれか。

（1）1.0 V
（2）1.9 V
（3）3.8 V
（4）4.0 V
（5）4.4 V

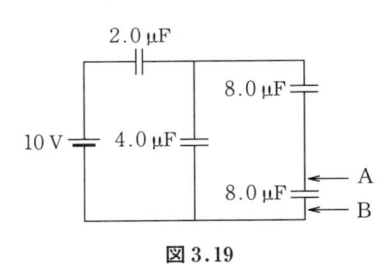

図 3.19

解答

ポイントは並列接続のときはかかっている電圧が同じ（電荷は違う），直列接続のときは蓄えられる電荷が同じ（電圧は違う）という点。まずは図を描き直してみよう。図 3.20（a）は問題図そのままで，これは図（b），さらに図（c）に描き直せ

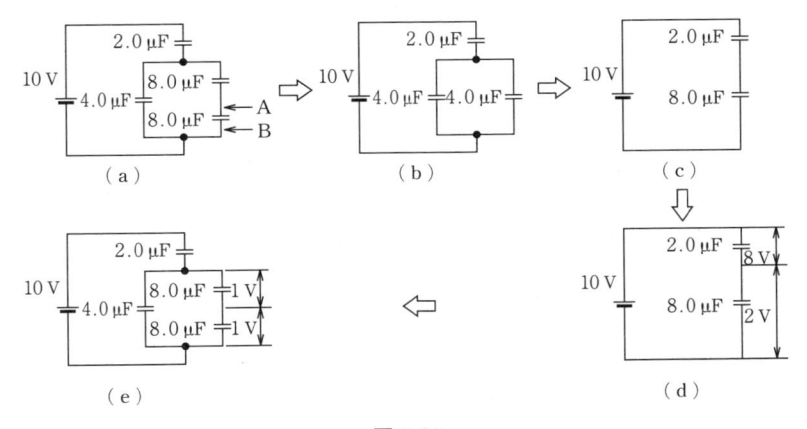

図 3.20

る。図（c）で $2\,\mu\mathrm{F}$ と $8\,\mu\mathrm{F}$ に同じ電荷が溜まるには図（d）のように $2\,\mu\mathrm{F}$ に $8\,\mathrm{V}$，$8\,\mu\mathrm{F}$ に $2\,\mathrm{V}$ がかかっているはずである（合計は電源電圧の $10\,\mathrm{V}$）。この $2\,\mathrm{V}$ によって図（e）の二つの $8\,\mu\mathrm{F}$ に同じ電荷がたまる。とすると，これらには同じ電圧がかかっているはずで，AB間の電圧は（1）の $1\,\mathrm{V}$ だとわかる。　◆

3.4.3　コンデンサのエネルギー

コンデンサは電荷を蓄えることができるが，別の言い方をするとコンデンサはエネルギーを蓄えることができる。静電容量 C 〔F〕のコンデンサに電圧 V〔V〕がかかり電荷 Q〔C〕が溜まっているとき（Q〔C〕$= C$〔F〕$\cdot V$〔V〕），このコンデンサに蓄えられるエネルギーは次式で表される。

$$\text{エネルギー} = \frac{1}{2}\frac{Q^2}{C} = \frac{1}{2}QV = \frac{1}{2}CV^2 \quad \text{〔J〕} \tag{3.7}$$

どれか一つを覚えておけば，Q〔C〕$= C$〔F〕$\cdot V$〔V〕から他を導き出せる。試験においては都合のよい式を使えばよい。

例題3.9　図3.21の回路の C_1 に $25\,\mu\mathrm{J}$ のエネルギーが蓄えられているとき，C_2 に蓄えられている電荷はどれか。

（1）　$3\,\mu\mathrm{C}$
（2）　$5\,\mu\mathrm{C}$
（3）　$12.5\,\mu\mathrm{C}$
（4）　$15\,\mu\mathrm{C}$
（5）　$37.5\,\mu\mathrm{C}$

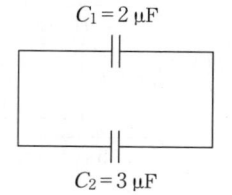

$C_1 = 2\,\mu\mathrm{F}$
$C_2 = 3\,\mu\mathrm{F}$

図3.21

[解答]

C_1 と C_2 は並列になっているのでかかっている電圧は同じ。この電圧 V〔V〕を式 (3.7) から計算し，$Q = CV$ で電荷を出す。

$25 \times 10^{-6} = C_1 V^2 / 2$ であるから C_1 に 2×10^{-6} を代入し $V = 5$ を得る。C_2 に蓄えられている電荷は $Q = C_2 V = (3 \times 10^{-6}) \times 5 = 15 \times 10^{-6}$ で（4）が答となる。　◆

例によって試験には出ないが式 (3.7) が成り立つ理由を説明しておこう。コンデンサの中には電荷 $+Q$ と $-Q$ によって大きさ E の一様電界が発生している (図 3.22)。$+Q$ の電荷を A から B へ動かすときの仕事は EQd〔J〕である。ところで電圧の単位，ボルトの定義は「2 点間を 1 C の電荷を運ぶのに 1 J の仕事が必要となるときの，その 2 点間の電圧が 1 V」であった。A から B まで Q〔C〕の電荷を運ぶのに EQd〔J〕のエネルギーが必要なので，AB 間の電圧は Ed〔V〕だということになる。これを V〔V〕($= Ed$〔V〕) とするとコンデンサのエネルギーは $EQd = QV$ となる。ただしこの考え方は順序がおかしい。A, B に電荷があり，電界 E が発生し，その中を電荷が運ばれる … のではなく，最初は A も B も電荷 0 だったはずで，電圧がかかって正電荷が A から B に運ばれて電界が発生するという順序のはずである。運ばれる電荷が少ないうちは発生する電界も小さく，したがって小さなエネルギーで電荷移動が可能であるが，多くの電荷が運ばれると AB 間の電圧および電界も大きくなり，電荷を動かすのに大きなエネルギーが必要になる。AB 間の電圧が Ed に等しくなると電荷の移動は止まり，そのとき図 3.22 のように A には $-Q$〔C〕，B には $+Q$〔C〕の電荷が発生する。このあたりを正しく計算するには積分の助けが必要で，コンデンサのエネルギーは QV ではなく $QV/2$ になる。

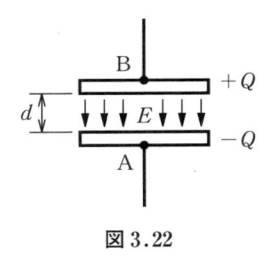

図 3.22

例題 3.10　図 3.23 の回路について正しいのはどれか。ただし，ダイオードは理想的とし，入力電圧 v_i は周波数 50 Hz，振幅 1 V の正弦波とする。

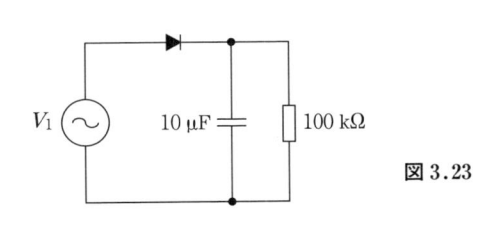

図 3.23

（1）ダイオードにかかる電圧の最大値は約 2 V である。

（2）ダイオードに流れる電流は正弦波である。

（3）コンデンサにかかる電圧の最大値は約 1.4 V である。

（4） コンデンサにかかる電圧は正弦波である。
（5） 抵抗を 1 kΩ に変えるとコンデンサにかかる電圧のリップル（変動量）は減少する。

解答

正解は（1）。以下，それぞれについて詳しく見てみよう（**図 3.24**）。

（1） ①の間は電源から電圧が供給され点 A の電圧は上がっていく。順方向電圧なのでダイオードは単なる電線となり点 A と点 B の電圧は同じ。同時にコンデンサに充電されていく。②以降は充電されたコンデンサにより点 B の電圧は 1 V に保たれる。本当は充電されたエネルギーは 100 kΩ の抵抗で消費されるため点 B の電圧は徐々に下がるのだが，時定数は 1 秒であり電源電圧の変化に比べて桁違いに遅いので点 B は 1 V のままと考えてよい。点 A の電圧はあっという間に下がっていきダイオードは逆電圧状態になる。点 A の電圧が -1 V になったとき，ダイオードにかかる電圧（AB 間の電圧）は約 2 V になる。

（2） （1）の説明でわかるように②以降はつねに点 A より点 B の電圧が高くなりダイオードにかかる電圧は逆方向となり電流が流れなくなる。

（3） （1）の説明のとおり，①の最後の時点で点 B は 1 V になっており②以降は

(a)

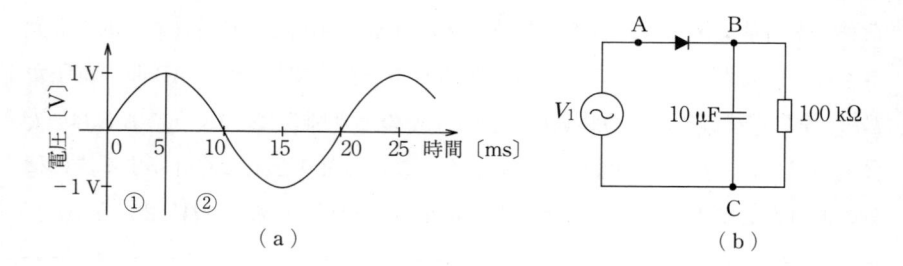

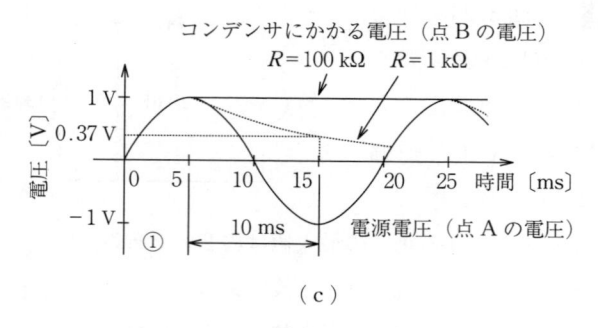

(b)

(c)

図 3.24

それが保たれる。点Cはいつも0Vであるからコンデンサにかかる電圧（BC間の電圧）は最大1Vである。
（4） （3）の説明のとおり，コンデンサにかかる電圧（BC間の電圧）は①の間は電源電圧と同じに上昇し，②以降は一定値（1V）になる。
（5） 100kΩを1kΩに減らすと時定数は1/100の10msになり，せっかくためた1Vを10msで0.37Vまで放電してしまう（エネルギーが抵抗で消費される）。つまり図（c）のように点Bの電圧は15msの時点で0.37Vになりその後も減り続ける。電源電圧（点Aの電圧）がコンデンサにかかる電圧（点Bの電圧）を上回ると，ダイオードは順電圧になり再度充電が開始され，以下はそれの繰り返しになる。このような電圧の変動をリップルといい，抵抗の値が小さいほどリップルは大きくなる。　◆

3.5　磁気関係の言葉

電磁気学の後半戦，磁気の登場である。磁気関係の言葉で試験に関係するのは，磁極，磁場（磁界），磁場（磁界）の強さ，磁束，磁束密度などがあり，一つ一つ理解しておかないとこんがらがってしまう。

まず磁極。N極とS極のことである。電荷の場合は例えば陽子のようにプラス電荷が単独で存在できるが，磁極ではNとSが必ず対になって存在する点が異なる。ちなみに地球は巨大な磁石であるといわれる。方位磁針でN極の指す方向が北であるし，N極のNはNorth（北）の頭文字であるので，北極地方にN極があると思っている人がいるかもしれないが，実は北極地方にはS極があり，南極地方にN極がある。そうでないと方位磁針のN極は北を向かない。磁極の強さとは磁石の強さのことである。単位はWb（ウエーバと読む）。1Wbとはどのくらいの強さか。真空中に2個の1WbのN極が1m離れて置かれていると，そのN極は約6.5トンの力で反発する。つまり身近にあるような磁力ではないということである。

空間に磁極があると磁場（磁界）が発生する。磁場に関しては電場と同じように理解するとよい。磁場はベクトルで，向きは磁場中に1WbのN極を置い

たときに力を受ける方向，大きさはそのN極が受ける力の強さで単位はN/Wbとなるが，通常はA/m（アンペア毎メートル）が用いられる（N/Wb＝A/m）。

つぎに磁束。だがその前に磁力線について説明しよう。磁場は目に見えないので，これをうまく視覚化したものが磁束である。磁場を見えるようにするには，空間それぞれの場所での磁場の向きと大きさがわかればよい。向きと大きさ，すなわちベクトルを表すには矢印を使うのが一般的なので，そのように描いてみると（**図3.25**（a）），点Aと点Bの矢印が重なって非常に見にくくなる。そこで別の方法が考案された。それが磁力線で，向きは矢印，大きさは矢印の密度で表している（図（b））。棒磁石の場合は図（c）のようになる。領域Aのほうが領域Bより磁場が強いことが視覚的にわかる。磁力線の束を磁束という。磁束はN極から出てS極に向かうが，これは磁界の向き（N極を置いたときに力を受ける方向）である。磁力線，すなわち磁束は磁界を視覚的に表現するための仮想的な線であり，磁石からこのような線が出ているわけではない。しかし「磁石から磁力線が出ている」と考えると，いろいろなこと（具体的にはこの後に出てくる）が理解しやすくなるのである。さて強い磁石

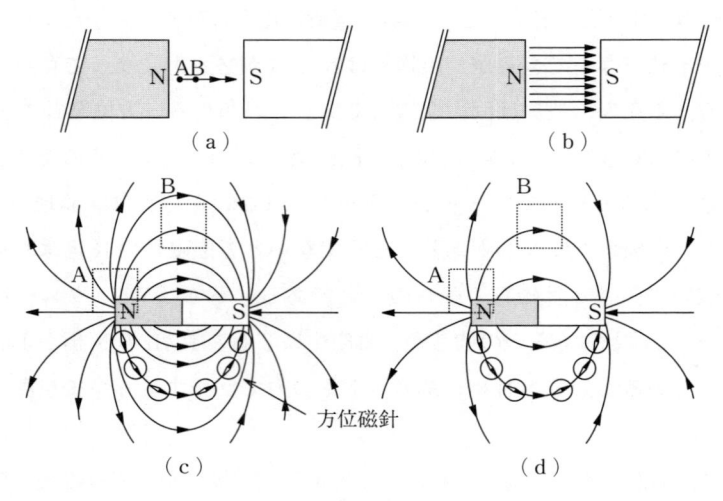

方位磁針

図3.25

のまわりには強い磁場が発生し，弱い磁石のまわりには弱い磁場しか発生しない。磁場の強さは磁束の密度で表すので図（c）は強い磁石，図（d）は弱い磁石である。磁石の強さとは磁極の強さであった。強い磁極からはたくさんの磁束が出るのである。たくさんの…って具体的に何本なのか。実は m〔Wb〕の磁極から m 本の磁束（磁力線）が出ている。といっても測定したらそうだったとか理論計算でそうなった，という話ではない。もともと磁力線は「こういう線があると考えれば話が簡単になる」という理由で導入されたものであるから，「m〔Wb〕の磁極からは m 本の磁束（磁力線）が出るということにしよう」となったわけで，なぜ？ と考えるようなものではない。そんなわけで磁束の単位も磁極と同じで Wb を用いる。磁束には ϕ という記号を使うのが一般的である。

最後は磁束密度である。これは言葉どおり磁束の密度であり，1 m² の面積を貫く磁力線の本数で，記号は B，単位は Wb/m² となるが，Wb/m² の別名は T（テスラと読む）である。磁場の強さは磁束の密度で表すと書いたが，正確には正しくない。磁場の強さは磁石がどんな空間に置かれているかで変わってくる。一方，どんな空間に置かれようと m〔Wb〕の磁極からは m 本の磁束（磁力線）が出る。ある点の磁束密度は，磁極の強さと磁極との位置関係で決まるが，磁界の強さはそれに加えてまわりの材質が問題になってくる。証明は省略するが「磁束密度 = $4\pi \times 10^{-7} \times \mu_r \times$ 磁場の強さ」という関係がある。$4\pi \times 10^{-7}$ は真空の透磁率で μ_0 という記号で表すのが一般的である。μ_r がまわりの材質を表すパラメータで名前は比透磁率というが，これは試験にはほとんど出てこないし，出てきても問題の本質とは関係ない出方なので，詳しい説明は省略する。

さて，いろいろ述べてきたが本項の内容は直接的には試験に出ない。ただしこれから説明する試験に出る内容を理解し問題を解くには，最低限これだけの知識が必要なのである。

3.6　電流による磁場

導線に電流が流れると，その周囲に磁場が発生する。**図3.26**のような回路を用意し，スイッチSをONにすると方位磁針の針が動くことから確かめられる。この実験は装置も安価で危険もないので，小学生でもできる。小学校の理科なら，電流と磁石には関係がありますね，で終わりであるが，臨床工学技士の試験では，発生する磁場の方向，電流と磁場の大きさ（磁束密度）の関係が求められる。

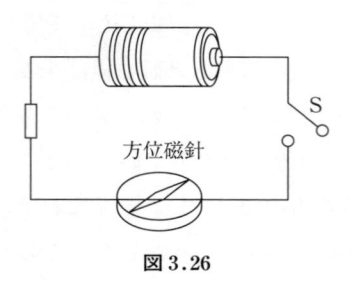

図3.26

電流の向きと磁場の向きの関係は**図3.27**（a）のとおりで，覚え方は図（b）である。磁場は電流（電線）を中心とする同心円状に発生し，その強さは電線に近いほど強い。I〔A〕の電流が流れている電線から r〔m〕離れた場所の磁場の強さは

$$H = \frac{I}{2\pi r} \quad \text{〔A/m〕} \quad (3.8)$$

である。また磁束密度は

$$B = \frac{\mu_0 I}{2\pi r} \quad \text{〔T〕} \quad (3.8')$$

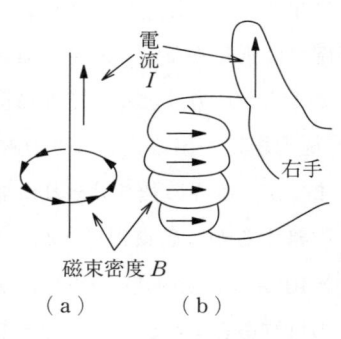

図3.27

となる。μ_0 は周囲が真空であることを示すパラメータであるが，空気の場合もほぼ同じであり，具体的な数字は覚える必要はない。式（3.8），（3.8'）を導くことは簡単であるが，試験には出ないので省略する。

例題3.11　図3.28のように真空中で，2本の平行な無限に長い線状導線1，2に大きさが等しく，反対方向に I〔A〕の電流が流れているとき，点P

での磁界〔T〕はどれか。ただし，点Pは各導線から等しくr〔m〕離れている。また，μ_0は真空の透磁率である。

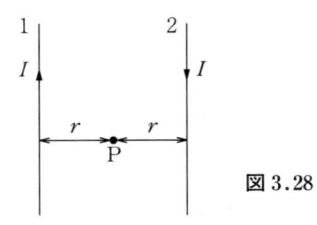

図3.28

(1) 0　(2) $\dfrac{\mu_0 I}{4\pi r}$　(3) $\dfrac{\mu_0 I}{2\pi r}$　(4) $\dfrac{\mu_0 I}{\pi r}$　(5) $\dfrac{2\mu_0 I}{\pi r}$

解　答

問題は「磁界〔T〕」を求めることになっているが，正確にはT（テスラ）は磁界ではなく磁束密度の単位である。この辺はあまり細かいことを気にせず，文脈で判断するようにしたい。さて電線が1本なら図3.27および式 (3.8′) のように $\mu_0 I/2\pi r$ なのだが，問題では電線が2本，しかも電流の向きが逆なので**図3.29**のように磁束密度は2倍になる。よって答は（4）である。記述問題なら $\mu_0 I/\pi r$ なのか $I/\pi r$ なのか迷ってしまうところである。　◆

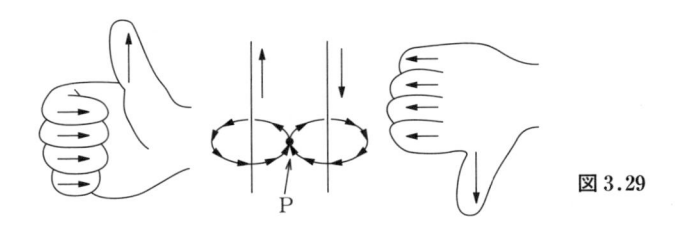

図3.29

さて，ここまでは電流の流れる電線が直線状である場合の話だが，これがコイル状になると**図3.30**のようになる。これは図3.27から簡単に類推できる。これが電磁石であり，電流を大きくしたり，コイルの巻き数を増やすと磁石が強くなる。これは単純な比例関係であり電流が2倍になれば磁石の強さも2倍，コイルの巻き数が3倍になれば磁石の強さも3倍という具合である。ただし巻き数に関しては密に巻いたものと粗に巻いたものでは当然密に巻いたもののほうが磁石が強くなる。コイル内の磁界の強さ（磁束密度）は一様（どこでも同じ）であり，その値は

$$B = \mu \frac{NI}{l} \quad (\mu: 透磁率,\ N: 巻き数,\ I: 電流,\ l: コイルの長さ) \quad (3.9)$$

となる。μはコイルの中が何であるか（真空か水か鉄かなど）を表すパラメータであり，N/lは1m当り何回巻きか，すなわち巻き方の粗密を表している。式 (3.9) の証明にはアンペアの周回積分というものを用いるが本書では省略する。

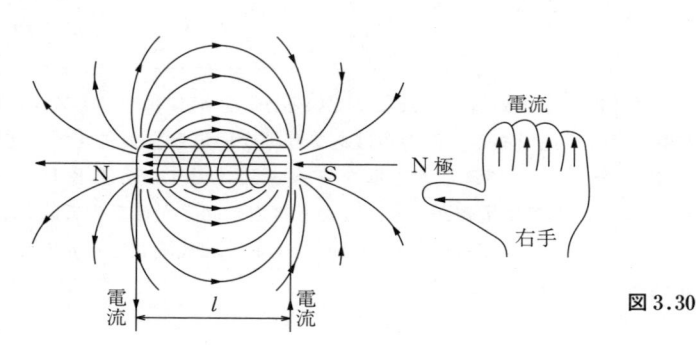

図 3.30

3.7 電流，磁場，力

磁場の中を電流が流れるとその電流（電線）に力が生じる。これがモーターの原理である。また磁場の中で電線を動かすとその電線に電流が流れる。これが発電機の原理である。図で表すと**図 3.31**のようになる。モーターの原理（電気を流して力を発生させる）はフレミングの左手の法則，発電機の原理（電気を発生させる）はフレミングの右手の法則と呼ばれる。

モーターの原理は親指が力（F），人差し指が磁界（磁束密度 B），中指が電流（I），続けて FBI と覚える。F〔N〕，B〔T〕，I〔A〕の関係は

$$F = BI \quad (3.10)$$

である。もう少し詳しく述べよう。モーターの原理で生じる力は電線1mあたりの力であり，もし電線の長さが2mならその電線が受ける力は$2BI$〔N〕となる。またこの式が成り立つのはFとBとIが直角のときであり，BとI

3.7 電流，磁場，力

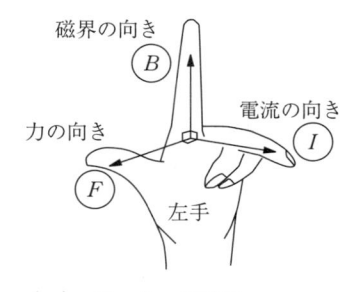

(a) モーターの原理
　　（フレミングの左手の法則）

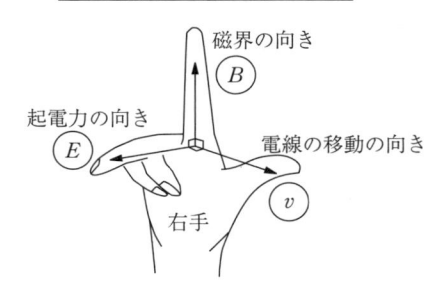

(b) 発電機の原理
　　（フレミングの右手の法則）

図 3.31

の作る角度が θ であるときはこれに $\sin\theta$ をかけなければならない。したがって式 (3.10) は電線の長さを l 〔m〕，B と I の作る角度を θ として

$$F = lBI\sin\theta \tag{3.10'}$$

というのが正しいのだが $F=BI$ のゴロがあまりにもよいのでこれも公式としておいた。この件に関しては例題 3.12 を見ていただきたい。

つぎに発電機の原理だが，親指は力ではなく電線の移動速度 v 〔m/s〕（動かすために必要な力と同じ向き），中指は電流ではなく起電力 E 〔V〕（流れる電流と同じ向き）である。人差し指は磁束密度でよい。電線の長さを l 〔m〕，B と v の作る角度を θ とすると

$$E = lBv\sin\theta \tag{3.11}$$

となる。

例題 3.12　　一様な磁界の中に 8 A の電流が流れている直線状の導線がある。この導線 1 m 当りに作用する力はどれか。ただし，磁束密度は 0.5 T，磁界と電流の間の角度は 30 度とする。

（1） 0.5 N　　（2） 0.9 N　　（3） 2.0 N　　（4） 3.4 N　　（5） 4.0 N

解答

問題を図で示すと**図 3.32** のようになる。式 (3.10) を使って $F=0.5\times 8=4$ N としたいところだが，さすがにそれほど簡単ではない。式 (3.10) が成り立つのは図

3.31のようにFBIが直角のときなのである。本問では図3.32のようにBとIが30°になっている。この場合はBに対するIの直角成分I_a=4Aを考えなければならない。力が発生するのは直角になっているBとI_aの間であり，平行になっているBとI_bの間には力は生じない。

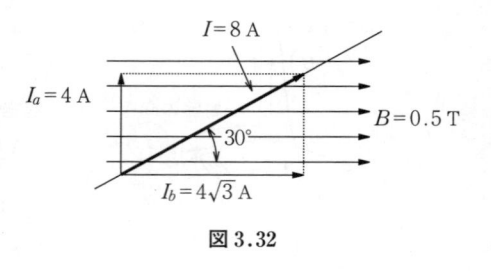

図3.32

答は0.5×4＝2Nで（3）である。式（3.10′）を使えばもっと簡単で値を代入するだけでよく$lBI\sin\theta = 1 \times 0.5 \times 8 \times \sin 30° = 2$となる。2Nは問題文にあるように導線1m当りに作用する力であり，導線が2mなら作用する力は4Nになる。磁界中に電流が流れることによって力が生じるので，モーターの原理（図3.31（a））を使えば力の向きは紙面に垂直で奥向きであることがわかる。左手でFBIを作り，Fの向きを確かめてほしい。　◆

例題3.13

図3.33のように磁束密度Bの磁界中を電子が速度vで運動している。このとき，電子にはどのような力が働くか。

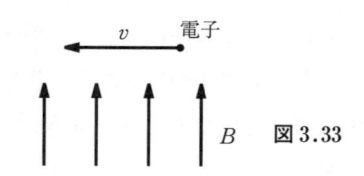

（1）　上方向（磁界の方向）
（2）　下方向（磁界と反対方向）
（3）　左方向（電子の運動の方向）
（4）　手前方向（紙面に垂直）
（5）　後ろ方向（紙面に垂直）

図3.33

解答

単純な引っかけ問題。電子の運動方向と電流の方向は向きが逆である。つまり本問の電流は左から右に流れている。そこだけ気をつければモーターの原理（図3.31（a））から（4）が正解だとわかる。　◆

例題3.14

図3.34のように，2本の平行な導線に同方向に一定の電流Iが流れている。このとき，これら2本の導線に働く力について正しいのはど

れか。

(1) 力は働かない。
(2) 電流の方向の力が働く。
(3) 紙面に垂直な方向（手前側から向こう側）の力が働く。
(4) 2本の導線間に引力が働く。
(5) 2本の導線間に反発力が働く。

図 3.34

解答

2本の電線のうち右側の電線 b が発生する磁場を考えると，電線 a 部分では図 3.35 のように紙面に垂直で手前向きであることがわかる。左側の電流 a はこの磁場の中を流れており，力の向きは図 3.31（a）から右向きになる。逆に a が発生する磁場によって b が受ける力は左向きになり，つまり 2 本の電線は引きつけ合うことになる。答は（4）である。もしも 2本の導線に逆方向の電流が流れていれば反発し合う。

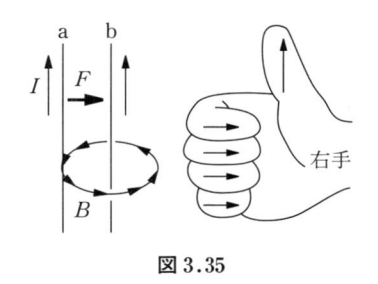

図 3.35

3.8 電磁誘導

3.8.1 電磁誘導

図 3.36 のような磁石とコイルがある。磁石をコイルの中に入れていくと，コイルに電流が流れる。この現象を電磁誘導という。流れる電流はコイルに何 Ω の抵抗がつながっているかによって変わるので，電流ではなく電圧で表現して「磁石をコイルの中に入れていくと，コイルに電圧（起電力）が発生する」と言った方が適切だろう。ただし起電力が発生するのは磁石が動いている間だけで，磁石が止まれば起電力がなくなり電流も止まる。磁石をコイルの中に入れただけで電流が流れ続けたら，エネルギー問題はあっさり解決であるが，そ

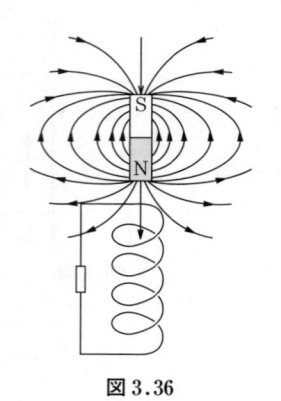

ういううまい話はない。

この起電力は

① コイルの巻き数が多いほど大きい

② 磁石が強いほど大きい

③ 磁石を速く動かすほど大きい

のであるが，②と③を別の言い方をすると

㉓ コイルを貫く磁束の本数が短い時間で変化するほど大きい

となる。

図 3.36

これを式で表すと，つぎのようになる。

$$E = N\frac{\Delta\phi}{\Delta t} \tag{3.12}$$

E は起電力〔V〕，N はコイルの巻き数，$\Delta\phi/\Delta t$ は Δt 秒間に磁束が $\Delta\phi$〔Wb〕だけ変化した，という意味になる。これは磁束が一定の割合で変化した場合の式で，もっと一般化すると $\Delta\phi/\Delta t$ の部分が微分となり

$$E = N\frac{d\phi}{dt} \tag{3.12'}$$

となる。

例題 3.15 1回巻きコイルを貫く磁束が 0.05 秒間に 0.1 Wb から 0.25 Wb まで一定の割合で増加した。この間に発生する起電力の大きさ（絶対値）はどれか。

（1） 1.0 V　　（2） 1.5 V　　（3） 2.0 V　　（4） 2.5 V　　（5） 3.0 V

解答

式 (3.12) を知っているかどうかだけの問題。$N=1$，$\Delta\phi = 0.25 - 0.1 = 0.15$ Wb，$\Delta t = 0.05$ s で式 (3.12) に代入すると $E = 3$ V となり（5）が正解。　◆

この起電力の方向（電流の流れる方向）は，流れた電流によって発生する磁

場が磁束の変化を妨げる向きになる。磁束の変化を妨げる向きって何？と思うであろう。

コイルに電流が流れると電磁石になるのであった。電流の流れる向きとN極の向きは図 3.30 に示されているが，**図 3.37**（a）に再掲する。ただしわかりやすいように図を縦にしている。さて図 3.37（b）のようにN極を近づけるとコイルに電流が流れて電磁石になるが，近づくN極と反発するように電磁石のN極が発生する。そのように電流が流れるのである。図（c）はN極が離れていく場合で，離れるN極を引きとめるように電磁石のS極が発生する。そのように電流が流れる。

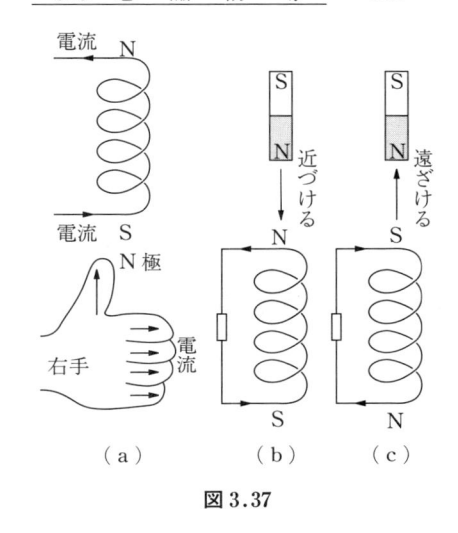

図（b）についてもう少し考えてみよう。N極を近づけると電磁石のN極のために反発力が生じる。さらに近づけようとすると，それなりの力，すなわちエネルギーが必要になる。このエネルギーが電気エネルギーに変換されると考えてよい。N極を近づけたとき，これを引きつけるようにコイルにS極が発生したらどうなるか。放っておいても磁石はどんどんコイルに近づき，それに伴ってどんどん電流が流れる。棒磁石一本とコイルがあれば無限に電流，すなわちエネルギーを取り出せることになる。残念ながらそうはならない。磁石を近づけるためにはエネルギーが必要である。

図 3.37

例題 3.16 面積 $0.01\,\mathrm{m}^2$ の 1 回巻きコイルの面を垂直に貫いている磁束密度が $\sin 100\,t$ 〔T〕（t の単位は秒）で変化している。コイルに発生する電圧の最大値はどれか。

（1） $1.00 \times 10^{-2}\,\mathrm{V}$ （2） $6.28 \times 10^{-2}\,\mathrm{V}$ （3） $1.59 \times 10^{-1}\,\mathrm{V}$
（4） $1.00\,\mathrm{V}$ （5） $6.28\,\mathrm{V}$

解答

式 (3.12) の $E = N(\Delta\phi/\Delta t)$ を用いるのだが，ちょっとしたワザが必要。N はコイルの巻き数で本問では1である。ϕ は磁束 [Wb] であるが，問題には磁束密度とコイルの面積が与えられているので $\phi = 0.01 \times \sin 100\,t$ となる。さて $\Delta\phi/\Delta t$ とは言葉で表せば「単位時間当りの磁束の変化量」であり，本来これは微分で計算されるべき量である。したがって本当は式 (3.12′) の $E = N(d\phi/dt)$ と書かなければならない。$0.01 \times \sin 100\,t$ を時間 t で微分すると $\cos 100\,t$ となる（微分の計算については数学で学ぶはずなので詳しく説明しない）。すると $E = \cos 100\,t$ となり E は t とともに変化するが，cos なので最大値は1である。答は（4）になる。 ◆

3.8.2 トランス（変圧器）

前項までに「コイルに電流を流すと磁束が発生する」，「コイルを貫く磁束の本数が変化するとコイルに起電力が生じる」ことを学んだ。これを利用したデバイスがトランス（変圧器）である。**図 3.38** を見てほしい。一次側と書かれたコイルに交流電流を流すと，磁束が発生する。この磁束は近くにある二次側のコイルをも貫く。磁束は電流の変化に伴い増減するが，それによって二次側コイルに起電力が生じる。一次側コイルと二次側コイルは電線などで接続されていないが，電気的には接続された状態になり，電圧などが転送される。ただし図3.38 では一次側で発生した磁束の一部しか二次側に届いていない。これでは効率が悪いので，実際のトランスでは**図 3.39**（a）のように一次側コイルと二次側コイルに鉄心を通し，発生した磁束のほとんどを利用できるようにしている。しかし磁束の100％を利用することはできず，必ずロスが出る。ロスのないものを理想トランスと呼び，試験に出るのは理想トランスである。図

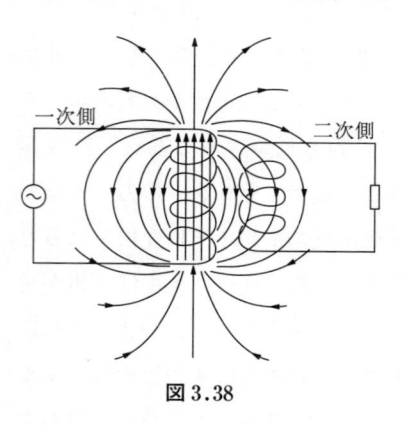

図 3.38

3.8 電磁誘導

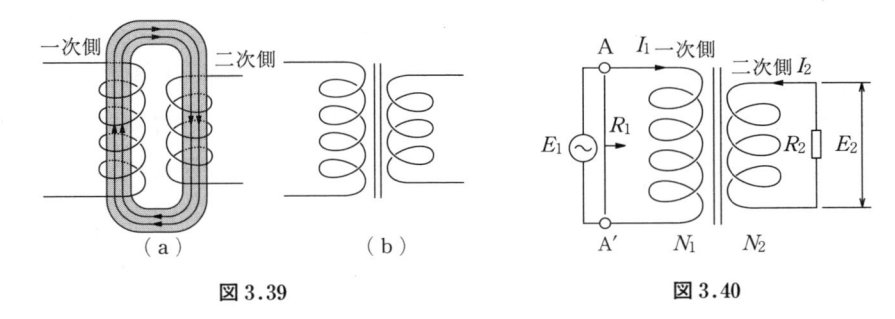

図3.39

図3.40

3.39（b）はトランスを示す記号。コイルとコイルの間に2本の線があるが，問題によってはこの線がない場合もある。出題者の気まぐれなので，気にする必要はない。

理想トランスにはつぎのような性質がある。図3.40のように一次側に加える電圧を E_1, 流れる電流を I_1, コイルの巻き数を N_1, AA′から見た抵抗（インピーダンス）を R_1, 二次側に発生する起電力を E_2, 流れる電流を I_2, コイルの巻き数を N_2, 接続する抵抗（インピーダンス）を R_2 とする。

$$① \; E_2 = \frac{N_2}{N_1} E_1, \quad ② \; I_2 = \frac{N_1}{N_2} I_1, \quad ③ \; R_1 = \left(\frac{N_1}{N_2}\right)^2 R_2 \quad (3.13)$$

二次側に発生する起電力 E_2 の向き，すなわち流れる電流 I_2 の向きはコイルの巻き方（右巻きか左巻きか）によるが，これに関しての出題例はないので気にしなくてもよいだろう。さてコイルの巻き数を $N_1=1$, $N_2=2$ とすると，トランスによって電圧が2倍になり，電流は半分になる。電力は電圧×電流なのでトランスによって電力，すなわちエネルギーは増えも減りもしない。

③の意味がわかりにくいので簡単に説明しておこう。トランスがなければ回路は図3.41となり，AA′から見た抵抗 R_1 は接続されている抵抗 R_2 そのものである（$R_1=R_2$）。そこにトランスを挿入して図3.40の状態にするとAA′から見た抵抗 R_1 は③のようになる。つまりトランスはインピーダンス変換器としての役割もあるわけである。

式（3.13）が成り立つ理由を簡単に説明しておこう。

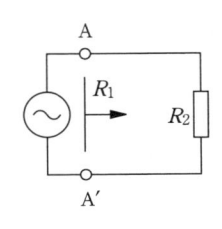

図3.41

ただし例によって試験には出ない。

式 (3.12) の $E=N(\Delta\phi/\Delta t)$ は磁束が変化したときのコイルに生じる起電力の式であるが、逆に解釈するとコイルに電圧を与えたときに生じる磁束ととらえることができる。つまり一次側では $\Delta\phi=(E_1/N_1)\Delta t$ の磁束が発生している。理想トランスではこの磁束がすべて二次側に供給され、二次側に発生する電圧は① $E_2=N_2(\Delta\phi/\Delta t)=(N_2/N_1)E_1$ となる。

一次側に発生した磁束がすべて二次側に供給されるということは、一次側に発生したエネルギー（電力）がすべて二次側に供給されるということである。つまり $E_1I_1=E_2I_2$ であり①から② $I_2=(N_1/N_2)I_1$ となる。

さらに一次側に注目すると電圧は E_1、電流は I_1、AA′ から見た抵抗は R_1 であるから $R_1=E_1/I_1$、これに二次側の $E_2=I_2R_2$、および①、②を代入して

$$③ \quad R_1=\frac{E_1}{I_1}=\frac{\dfrac{N_1}{N_2}E_2}{\dfrac{N_2}{N_1}I_2}=\left(\frac{N_1}{N_2}\right)^2 R_2$$

を得る。

例題3.17 図 3.42 の回路の一次側巻線に流れる電流はどれか。ただし、変圧器は理想的であり、巻数比は 1：10 とする。

(1) 1 A
(2) 5 A
(3) 10 A
(4) 50 A
(5) 100 A

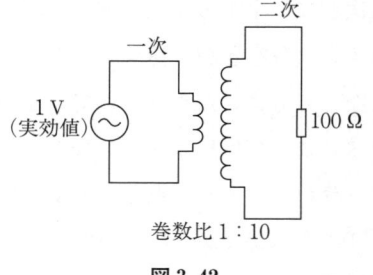

図 3.42

解答

巻き数は与えられていないが巻数比がわかるだけで十分である。一次側電圧 (1 V) → 二次側電圧 → 二次側電流 → 一次側電流の順に求めることができる。二次側

に発生する電圧は10Vになる（式 (3.13) ①）。つながっている抵抗は100Ωなので二次側には0.1Aの電流が流れる。問われているのは一次側巻線に流れる電流であり，式 (3.13) ②から1Aとなり正解は（1）である。別解として式 (3.13) ③を使う方法もある。一次側から見た回路の抵抗は式 (3.13) ③から1Ωであることがわかる。電圧が1Vなので電流は1Aになる。　◆

例題3.18　図3.43の変圧器の一次側電源Eに流れる電流Iと同じ大きさの電流が流れる回路はどれか。ただし，巻数比は1：2とする。

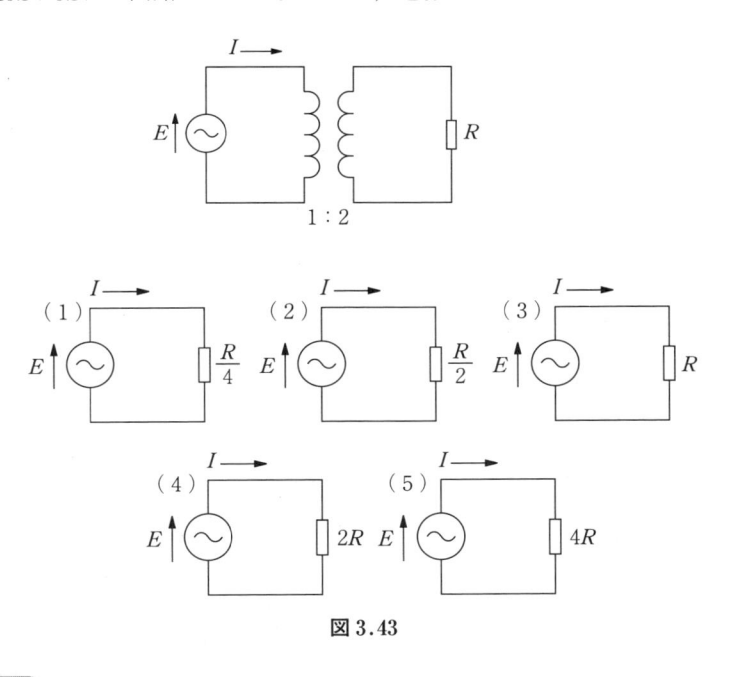

図3.43

解答

式 (3.13) ③そのもの。変圧器（トランス）をなくして考えると，抵抗は$(1/2)^2 = 1/4$になることがわかる。答は（1）である。　◆

3.8.3 インダクタンス

図3.44(a)は図3.36の，(b)は図3.30の再掲である(ただし(b)は向きを変えてある)。(a)はコイルを貫く磁束が変化するとコイルに起電力が発生する(コイルに電流が流れる)という意味であった。また(b)はコイルに電流が流れると磁束が発生するという意味であった。(b)で発生する磁束密度は$B=\mu(NI/l)$(式(3.9))であるが，コイルに流す電流Iを変化させると生じる磁束も変化する。すると(a)によってコイルに電流が流れることになる。これを自己誘導という。この電流は最初の電流とは逆向きに流れる。もし同じ向きに流れると，コイルに電流を流す → 自己誘導で新たな電流が流れる → 最初の電流と自己誘導の電流が足し合わされ強い電流になる → 自己誘導でさらに電流が流れる… となり，最初にわずかな電流を流すだけで放っておいてもどんどん電流が増え続けることになる。そういう都合のよい話はない。

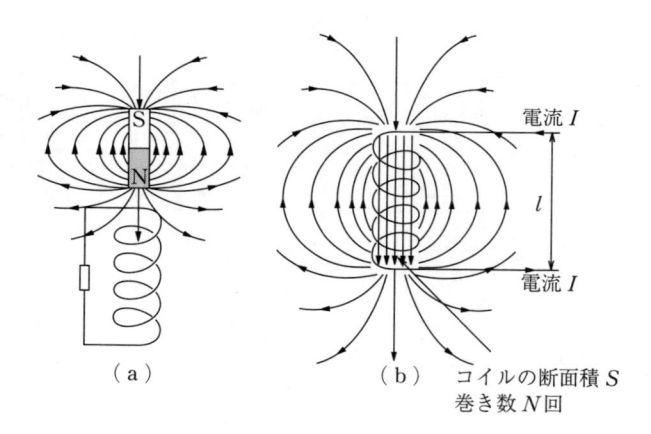

図 3.44

さて(a)によって発生する起電力は$E=N(\Delta\phi/\Delta t)$(式(3.12))であるが磁束ϕの変化は電流Iの変化によってもたらされるのであるから

$$E=N\frac{\Delta\phi}{\Delta t}=L\frac{\Delta I}{\Delta t} \tag{3.14}$$

と書ける。この L をコイルの自己インダクタンスと呼び，単位は H（ヘンリー）である。2章でさんざん登場したコイルのインピーダンス $j\omega L$ の L がこれである。式 (3.14) を積分すると $N\phi = LI$ であるから $L = N\phi/I$, また磁束 ϕ でコイルの断面積が S, 磁束密度が B なので式 (3.9) から $\phi = BS = \mu(NIS/l)$。よって

$$L = \frac{N\phi}{I} = \frac{N}{I} \cdot \mu \cdot \frac{NIS}{l} = \mu \frac{N^2 S}{l} \tag{3.15}$$

となる。

例題 3.19 1回巻コイルに 2 A の電流を流したとき，0.08 Wb の磁束が生じた。このコイルを 50 回巻にしたときの自己インダクタンスはどれか。

（1） 0.2 H　（2） 0.5 H　（3） 0.8 H　（4） 2 H　（5） 8 H

解答
1回巻コイルに発生する磁束が

$$\phi = BS = \mu \frac{NIS}{l} = \mu \frac{1 \times 2 \times S}{l} = 0.08 \text{ Wb}$$

であるから

$$\frac{\mu S}{l} = 0.04$$

となる。50 回巻にしたとき μ（透磁率）と S（コイルの断面積）は変わらないが，l（コイルの長さ）は 50 倍になる。したがって 50 回巻コイルの自己インダクタンスは

$$L = \mu \frac{N^2 S}{50l} = \mu \frac{50^2 S}{50l} = \mu \frac{50 S}{l} = 2 \text{ H}$$

と，したいところだが 50 回巻コイルの長さが 1 回巻の 50 倍というのは無理がある。もしかしたらきっちきちに巻いたかもしれないし，とてもゆったり巻いたかもしれない。この辺が問題文にちゃんと書かれていないので正確な値が出せない。解答なしの不適切問題である。　◆

3.9 そ の 他

本章の最後にこれまで説明していなかったいくつかの事柄について述べる。計算は出てこないし試験の出題頻度も高くない（だからといって電磁気学で重要でないことにはならないが）。

3.9.1 静電界中の導体

導体（金属の塊を想像すればよい）内部には多数のプラス電荷（陽子）とマイナス電荷（電子）が同数存在しており，それらが打ち消し合うので全体としては電気的に中性である。これを静電界中におくと電荷が表面に移動する（図3.45）。いったん電荷の移動が終了すると，それ以上の電荷移動は起こらず，この導体は帯電しているが電流は流れていない。これはつまり導体内部に電場が存在せず，導体は内部も表面もすべて同電位になっていることを意味している。図では導体の形が球であるが，上に述べたことはどのような形でも成立する。

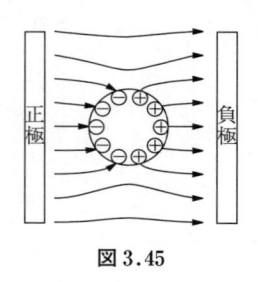

図 3.45

3.9.2 電 気 力 線

図 3.45 で特に断り無く描かれている矢印の線は電気力線と呼ばれるもので，磁場における磁力線に相当する。磁束に相当するものは電束，磁束密度に相当するものは電束密度であるが，これらは出題頻度が低く，とりあえず電気力線は導体表面に対して垂直に入射するということを覚えておけばよいだろう。

3.9.3 渦 電 流

図 3.46 のように変化する磁場内に金属板を置くと，電磁誘導によってこの金属板に渦電流が流れる。図では磁束が増加しており，電流の向きは磁束の増加を妨げる向きである。磁束の向きは同じでも磁束が減少すると電流の向きは

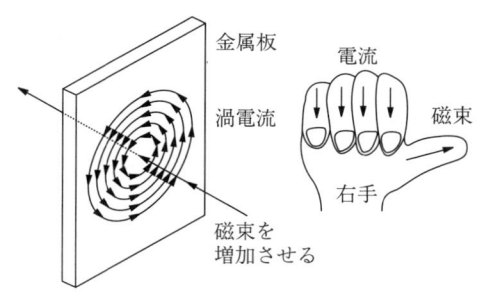

図 3.46

逆(磁束の減少を妨げる向き)になる。

また静磁場内でも金属板が運動すると物体の運動を妨げる向きに渦電流が発生する(電磁ブレーキとして使用される)。

どちらにしても磁場が変動するか,金属板が運動することが必要であり,静磁場内に置かれた静止した金属板には渦電流は流れない。

3.9.4 単 位

最後に本書で登場したいろいろな単位について述べよう。

アンペア〔A〕,電流: SI基本単位。広辞苑によるとその定義は「無視できる面積の円形断面をもつ2本の無限に長い直線状導体を真空中に1mの間隔で平行に置き,各導体に等しい強さの電流を流したとき,導体の長さ1mごとに 2×10^{-7} N の力が働く場合の電流の大きさ」である。

クーロン〔C〕,電荷・電気量: Q〔C〕$= I$〔A〕$\cdot t$〔s〕(式(3.1))であるから C = A·s。

ボルト〔V〕,電圧・電位: 電位差(電圧)×電荷=仕事(エネルギー)であるから V = J·C^{-1} = kg·m^2·s^{-3}·A^{-1}。

オーム〔Ω〕,電気抵抗・インピーダンス: E〔V〕$= I$〔A〕$\cdot R$〔Ω〕(式(1.1))であるから Ω = V·A^{-1} = kg·m^2·s^{-3}·A^{-2}。

ワット〔W〕,電力: 電力=電圧×電流であるから W = V·A = kg·m^2·s^{-3}。

ファラド〔F〕,静電容量: Q〔C〕$= C$〔F〕$\cdot V$〔V〕(式(3.3))であるか

ら $F = C \cdot V^{-1} = kg^{-1} \cdot m^{-2} \cdot A^2 \cdot s^4$。

ジーメンス〔S〕,コンダクタンス: Ω の逆数であるから $S = \Omega^{-1} = kg^{-1} \cdot m^{-2} \cdot s^3 \cdot A^2$。

ウェーバ〔Wb〕,磁束: E〔V〕$= N$〔回〕$\cdot \Delta\phi$〔Wb〕$/\Delta t$〔s〕(式 (3.12)) であるから $Wb = V \cdot s = kg \cdot m^2 \cdot s^{-2} \cdot A^{-1}$。〔回〕は物理量ではない。

テスラ〔T〕,磁束密度: $T = Wb \cdot m^{-2} = kg \cdot s^{-2} \cdot A^{-1}$。

ヘンリー〔H〕,インダクタンス: E〔V〕$= L$〔H〕$\cdot \Delta I$〔A〕$/\Delta t$〔s〕(式 (3.14)) であるから $H = V \cdot s \cdot A^{-1} = kg \cdot m^2 \cdot s^{-2} \cdot A^{-2} = Wb \cdot A^{-1}$。

本章のまとめ

電界
- 1 A の電流が流れているとき 1 秒間に流れる電荷(電気量)が 1 C。
- $Q = It$ (Q: 電荷〔C〕, I: 電流〔A〕, t: 時間〔s〕)
- 図 1 の Q_1〔C〕, Q_2〔C〕の電荷に働く力は
  $F = \dfrac{1}{4\pi\varepsilon} \dfrac{Q_1 Q_2}{r^2}$ 〔N〕。ε は誘電率。
- 電場の大きさは,その電場の中に 1 C の電荷をおいたときの力で表し単位は V/m。

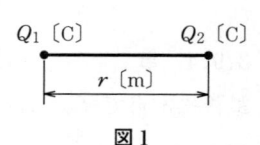

図 1

- 静電界中の導体内部には電界はなく,表面には電荷が存在する。導体の電位はどこも同じになり,電気力線は導体表面に垂直に入射する。
- 大きさ E〔V/m〕の電場中に置かれた Q〔C〕の電荷を電場に逆らって x〔m〕移動させるのに必要なエネルギーは EQx〔J〕。

コンデンサ
- コンデンサに充電される電荷は Q〔C〕$= C$〔F〕$\cdot V$〔V〕。C〔F〕は静電容量。
- 電極板の面積 S〔m^2〕,電極板間の距離 d〔m〕,電極板間の誘電率 ε〔F/m〕とするとこのコンデンサの静電容量は
  $C = \varepsilon \dfrac{S}{d}$ 〔F〕

- コンデンサの合成静電容量は**図2**のとおり。抵抗とは逆パターンである。

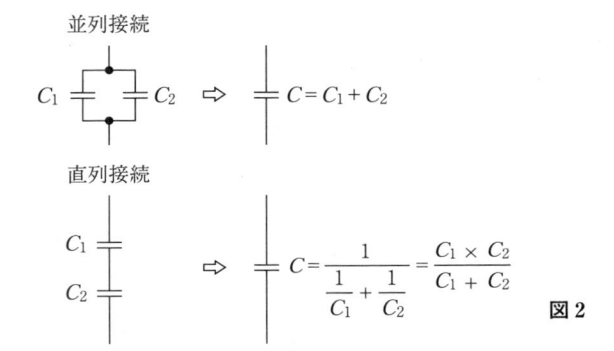

並列接続

$$C = C_1 + C_2$$

直列接続

$$C = \dfrac{1}{\dfrac{1}{C_1} + \dfrac{1}{C_2}} = \dfrac{C_1 \times C_2}{C_1 + C_2}$$

図2

- 静電容量 C〔F〕のコンデンサに電圧 V〔V〕がかかり電荷 Q〔C〕が溜まっているとき（$Q = CV$），このコンデンサに蓄えられるエネルギーは
$\dfrac{1}{2}\dfrac{Q^2}{C} = \dfrac{1}{2}QV = \dfrac{1}{2}CV^2$〔J〕

磁場

- 磁極の強さの単位は Wb。
- I〔A〕の電流が流れている電線から r〔m〕離れた場所の磁場の強さ：

$H = \dfrac{I}{2\pi r}$ 〔A/m〕,

磁束密度： $B = \dfrac{\mu_0 I}{2\pi r}$ 〔T〕

電流と磁場の向きは**図3**のとおり。

- コイル内の磁束密度は一様であり，その値は

$B = \mu \dfrac{NI}{l}$

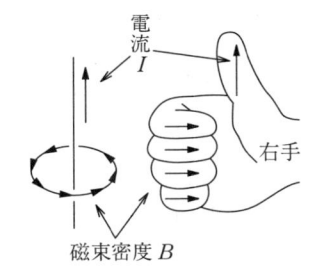

図3

磁場の向きは**図4**のとおり。

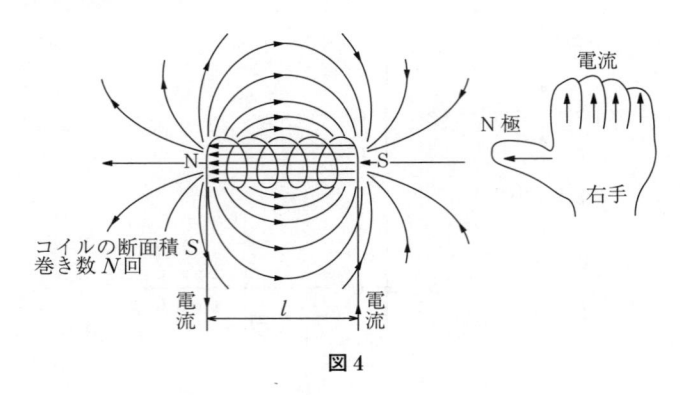

図4

モーターの原理（図5（a））
- 電線の長さを l 〔m〕，B と I の作る角度を θ として $F = lBI\sin\theta$

発電機の原理（図5（b））
- 電線の長さを l 〔m〕，B と v の作る角度を θ として $E = lBv\sin\theta$

（a）モーターの原理　　（b）発電機の原理

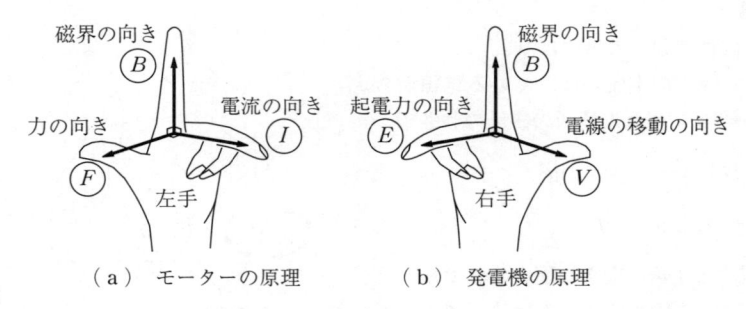

図5

電磁誘導
- コイルを通る（鎖交する）磁束が Δt 秒間に磁束が $\Delta\phi$ 〔Wb〕だけ変化したとき，コイルに生じる起電力 E 〔V〕は巻き数を N として

$$E = N\frac{\Delta\phi}{\Delta t}$$

一般的には微分形

$$E = N\frac{d\phi}{dt}$$

で書いたほうが正確。また磁束 ϕ の変化は電流 I の変化によってもたらされるのであるから

$$E = N\frac{\Delta\phi}{\Delta t} = L\frac{\Delta I}{\Delta t}$$

とも書ける。L はインダクタンスである。起電力は磁束の変化を妨げる向きに生じる。

理想トランス（変圧器）（図6）

- 基本式は以下の三つ。

$$E_2 = \frac{N_2}{N_1}E_1$$

$$I_2 = \frac{N_1}{N_2}I_1$$

$$R_1 = \left(\frac{N_1}{N_2}\right)^2 R_2$$

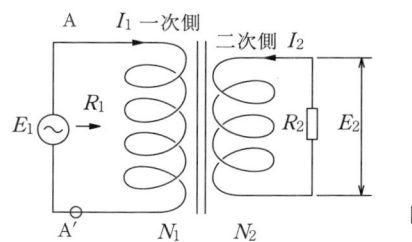

図6

インダクタンス

- コイルの自己インダクタンスは

$$L = \frac{N\phi}{I} = \frac{N}{I}\cdot\mu\cdot\frac{NIS}{l} = \mu\frac{N^2 S}{l}$$

（N：巻き数, ϕ：磁束, I：電流, S：コイルの断面積, μ：透磁率, l：コイルの長さ）

単位

- アンペア〔A〕, 電流： SI基本単位
- クーロン〔C〕, 電荷・電気量： $C = A\cdot s$
- ボルト〔V〕, 電圧・電位： $V = J\cdot C^{-1} = kg\cdot m^2\cdot s^{-3}\cdot A^{-1}$
- オーム〔Ω〕, 電気抵抗・インピーダンス： $\Omega = V\cdot A^{-1} = kg\cdot m^2\cdot s^{-3}\cdot A^{-2}$
- ワット〔W〕, 電力： $W = V\cdot A = kg\cdot m^2\cdot s^{-3}$
- ファラド〔F〕, 静電容量： $F = C\cdot V^{-1} = kg^{-1}\cdot m^{-2}\cdot A^2\cdot s^4$
- ジーメンス〔S〕, コンダクタンス： $S = \Omega^{-1} = kg^{-1}\cdot m^{-2}\cdot s^3\cdot A^2$
- ウェーバ〔Wb〕, 磁束： $Wb = V\cdot s = kg\cdot m^2\cdot s^{-2}\cdot A^{-1}$
- テスラ〔T〕, 磁束密度： $T = Wb\cdot m^{-2} = kg\cdot s^{-2}\cdot A^{-1}$
- ヘンリー〔H〕, インダクタンス： $H = V\cdot s\cdot A^{-1} = kg\cdot m^2\cdot s^{-2}\cdot A^{-2} = Wb\cdot A^{-1}$

付　　　　録

（注）　AM，PM は，それぞれ午前問題，午後問題を表している。

A．第 2 種 ME 技術実力検定試験

A.1　問題（電気回路抜粋）

第 28 回（2006 年）

【AM 22】　図の 10 Ω の抵抗の両端にかかる電圧は何 V か。

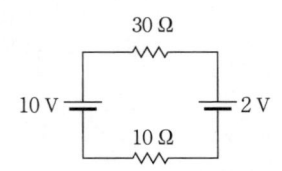

（1）2　（2）3　（3）4　（4）5　（5）6

【AM 23】　図の交流回路で，R，L，C の両端の電圧（実効値）は図に示す値であった。電源電圧（実効値）は何 V か。

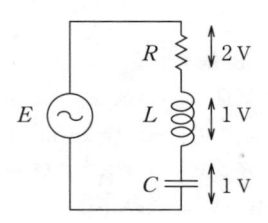

（1）$\sqrt{2}$　（2）2　（3）3　（4）4　（5）$\sqrt{6}$

【AM 24】　図 a の周期信号（周期 1 ms）を図 b のフィルタに入力した。出力電圧 $v(t)$ に最も近い波形はどれか。

図a 周期信号

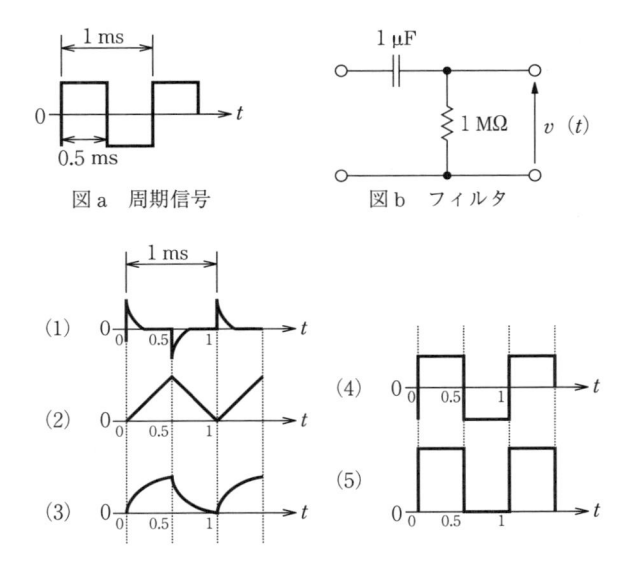

図b フィルタ

(1), (2), (3), (4), (5) 波形図

【AM 25】 内部抵抗 100 kΩ の直流電圧計の測定範囲を10倍にしたい。正しいのはどれか。
(1) 1 MΩ の抵抗を電圧計に並列接続する。
(2) 990 kΩ の抵抗を電圧計に直列接続する。
(3) 1.1 MΩ の抵抗を電圧計に並列接続する。
(4) 900 kΩ の抵抗を電圧計に直列接続する。
(5) 100 kΩ の抵抗を電圧計に並列接続する。

【AM 26】 断面積 S,長さ L,導電率 σ である金属棒の抵抗を示す式はどれか。
(1) $L/\sigma S$ (2) $L\sigma/S$ (3) LS/σ (4) $\sigma S/L$ (5) σ/SL

【AM 36】 図のような波形の電圧パルスを 50 Ω の負荷抵抗に通電した。抵抗で消費されるエネルギーは何 J か。

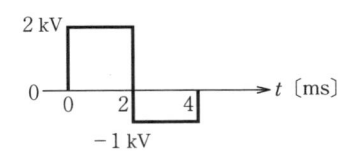

（1）80　（2）160　（3）200　（4）240　（5）360

【AM 42】　微小生体電気現象計測用測定機は入力インピーダンスが高い。その主な理由はどれか。
　（1）　増幅器雑音を少なくするため。
　（2）　外乱雑音を少なくするため。
　（3）　信号源インピーダンスが大きいため。
　（4）　ドリフトの影響をなくすため。
　（5）　増幅器のオフセット電圧を小さくするため。

【AM 43】　心電図モニタリング中に患者の体動で基線が動揺しても，図のようにいずれ元のレベルに戻る。このように信号に含まれる直流成分をカットする作用のある回路はどれか。

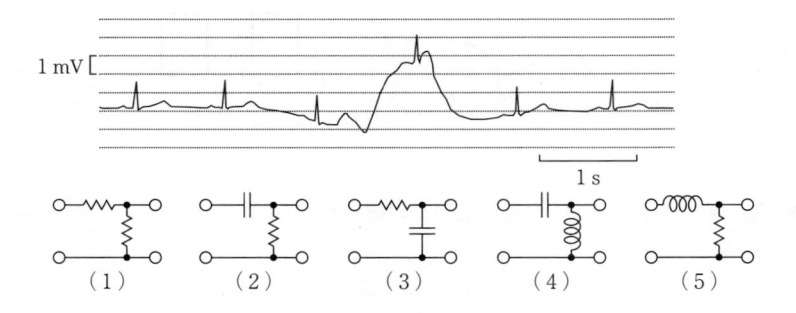

【PM 41】　電気メスの切開出力の測定をしたい。適切な負荷抵抗の値はどれか。
　（1）　10Ω　（2）　50Ω　（3）　150Ω　（4）　500Ω　（5）　5kΩ

【PM 42】　ある除細動器の負荷に供給される出力エネルギーを，負荷抵抗 $50\,\Omega$ で測定したところ 360 J であった。この除細動器の出力回路の内部直流抵抗を $10\,\Omega$ とした場合，内部コンデンサに蓄えられる静電エネルギーはいくらか。
　（1）　432 J　（2）　396 J　（3）　374 J　（4）　360 J　（5）　288 J

【PM 49】　$0.02\,\Omega/\mathrm{m}$ の銅線を 10 本より合わせて保護接地線を作りたい。作ることのできる保護接地線の最大の長さはおよそ何 m か。
　（1）　2　（2）　5　（3）　10　（4）　20　（5）　50

【PM 50】　ペースメーカの出力波形を測定したい。ペースメーカとオシロスコープの接続方法で正しいのはどれか。

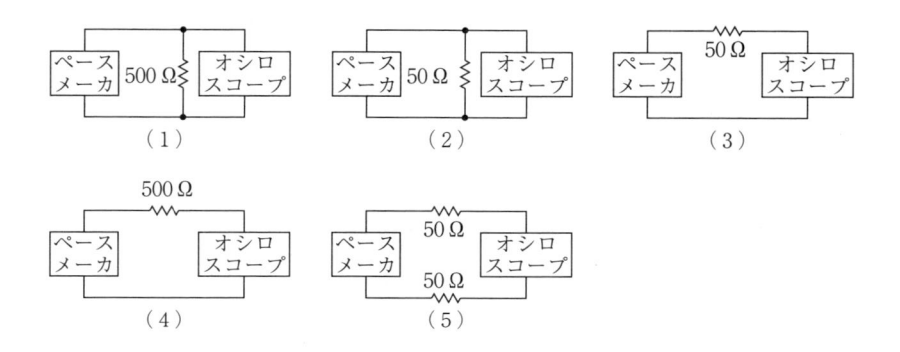

ペースメーカ —500Ω— オシロスコープ	ペースメーカ —50Ω— オシロスコープ	ペースメーカ —50Ω— オシロスコープ
(1)	(2)	(3)

(4) ペースメーカ —[500Ω]— オシロスコープ

(5) ペースメーカ —[50Ω ∥ 50Ω]— オシロスコープ

第29回（2007年）

【AM 21】 誤っているのはどれか。
(1) 質量1kgの物体に1m/s^{2}の加速度を生じさせる力が1ニュートンである。
(2) 質量1kgの物体を1m/sの速さで1m動かすときの仕事が1ジュールである。
(3) 1秒間に1クーロンの電気量が通るときの電流が1アンペアである。
(4) 1クーロンの電気量を電位が1ボルト高いところに運ぶのに1ジュールの仕事が必要である。
(5) 1秒間に1ジュールの割合でエネルギーを消費するときの電力が1ワットである。

【AM 23】 同一平面内に長い直線導線と正方形の閉回路ABCDがあり（辺ABは直線導線と平行），それぞれ図の向きに電流I_1とI_2が流れている。このとき閉回路に働く力として正しいのはどれか。

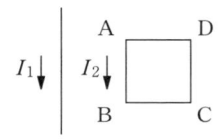

(1) 紙面左向きの力が働く。　(2) 紙面右向きの力が働く。
(3) 紙面下向きの力が働く。　(4) 紙面上向きの力が働く。
(5) 紙面手前に向かう力が働く。

【AM 28】 定格1mA，内部抵抗10Ωの電流計を用いて，定格10Vの電圧計を作りたい。正しいのはどれか。
(1) 10.010 kΩ の抵抗を電流計に並列接続する。
(2) 9.990 kΩ の抵抗を電流計に直列接続する。
(3) 10.000 kΩ の抵抗を電流計に並列接続する。
(4) 10.010 kΩ の抵抗を電流計に直列接続する。
(5) 9.990 kΩ の抵抗を電流計に並列接続する。

【AM 29】 図の回路において，定常状態における端子ab間の電圧〔V〕はどれか。

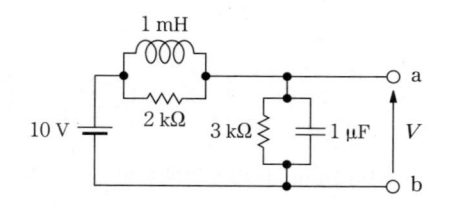

(1) 2　(2) 4　(3) 5　(4) 6　(5) 10

【AM 31】 図の直流定電流電源は1mAである。$t=0$ でスイッチSを閉じて10μs経過した後の1μFのキャパシタの両端の電圧は何Vか。ただし，スイッチSを閉じる前のキャパシタの両端の電圧はゼロとする。

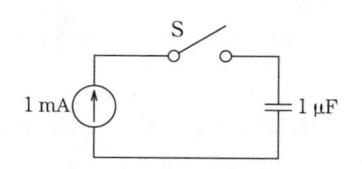

(1) 0.01　(2) 0.1　(3) 1　(4) 10　(5) 100

【AM 32】 100Vの電圧を加えたとき，100Wの電力を消費する抵抗と400Wの電力を消費する抵抗とを直列に接続して，その両端に100Vの電圧を加えたときの消費電力は何Wか。
(1) 60　(2) 80　(3) 100　(4) 250　(5) 500

【AM 33】 誤っているのはどれか。
(1) 金属棒の抵抗は断面積に反比例する。
(2) 金属棒の抵抗は金属の抵抗率に比例する。
(3) 抵抗率の単位として〔Ω·m〕が使われる。

(4) 導電率は抵抗率の逆数である。
(5) 導電率の単位として〔S〕が使われる。

【AM 41】 観血式血圧計で動脈圧を測定中にカテーテル内の凝血で圧力波形がなまることがある。この現象は，次のどの回路の応答に似ているか。
(1) 低域通過フィルタ　(2) 高域通過フィルタ　(3) バッファ回路
(4) 微分回路　　　　　(5) 積分回路

【AM 44】 呼吸器系の圧〔mmHg〕と流量〔L/s〕をそれぞれ電圧と電流に対応させると，流量を積分して得られる気量はどれに対応するか。
(1) 抵抗　　(2) 静電容量　　(3) インダクタンス
(4) 電荷　　(5) コンダクタンス

第 30 回（2008 年）

【AM 21】 図において回路に流れる電流 I は何 A か。ただし，X_L，X_C はリアクタンスを示す。

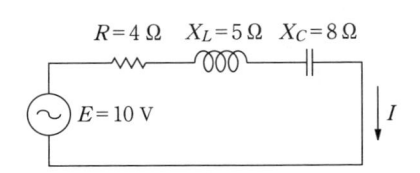

$R=4\,\Omega$　$X_L=5\,\Omega$　$X_C=8\,\Omega$　$E=10\,\text{V}$

(1) 0.5　(2) 1.0　(3) 1.5　(4) 2.0　(5) 3.0

【AM 23】 図の抵抗 R はすべて $60\,\Omega$ である。AB 間の抵抗は何 Ω か。

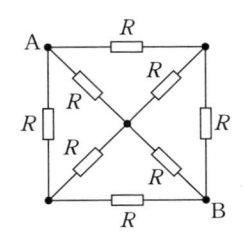

(1) 7.5　(2) 10　(3) 30　(4) 40　(5) 60

【AM 24】 図のような直方体の容器に食塩水を満たし，両側面 A，B に電極をつけて高周波電流 0.8 A（実効値）を 20 秒間流したところ，食塩水の温度が 3 ℃ 上昇した。AB 間の抵抗は純抵抗で $300\,\Omega$ とすると，容器内の食塩水の量は何

mLか。ただし、この食塩水1mLを1℃温度上昇させるのに必要なエネルギーは4Jとする。また熱放散はないものとする。

A　　　　　　　　B

（1）　16　　（2）　64　　（3）　320　　（4）　960　　（5）　1 280

【AM 31】　誤っているのはどれか。
（1）　金属棒の抵抗は長さに比例する。
（2）　金属棒の抵抗は断面積に反比例する。
（3）　金属棒の抵抗は温度が上昇すると小さくなる。
（4）　導電率は抵抗率の逆数である。
（5）　金，銀，銅のうち，最も抵抗率が小さいのは銀である。

【AM 32】　定格1 mA，内部抵抗10 Ωの電流計を用いて，最大100 mAの電流を測定したい。正しいのはどれか。
（1）　0.010 Ωの抵抗を電流計に並列接続する。
（2）　99.0 kΩの抵抗を電流計に直列接続する。
（3）　1.00 Ωの抵抗を電流計に並列接続する。
（4）　0.010 Ωの抵抗を電流計に直列接続する。
（5）　0.101 Ωの抵抗を電流計に並列接続する。

【AM 34】　図の回路において，スイッチSを閉じたときの電流について正しいのはどれか。ただし，スイッチを閉じる前のコンデンサCには充電されていないものとする。

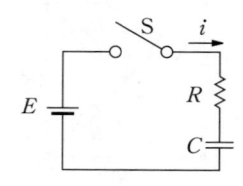

(1) $i = \dfrac{E}{R}\left(1 - e^{-\frac{t}{CR}}\right)$　　(2) $i = \dfrac{E}{R}e^{-t}$

(3) $i = \dfrac{E}{CR}\left(1 - e^{-\frac{t}{CR}}\right)$　　(4) $i = \dfrac{E}{CR}e^{-t}$　　(5) $i = \dfrac{E}{R}e^{-\frac{t}{CR}}$

【AM 41】 図は大動脈圧とその平均血圧である。平均血圧を得るための回路として正しいのはどれか

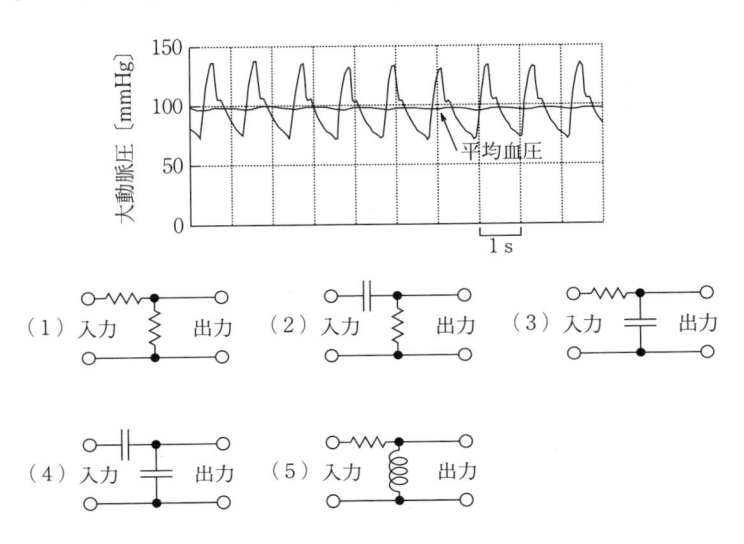

(1) 入力 出力　(2) 入力 出力　(3) 入力 出力

(4) 入力 出力　(5) 入力 出力

【AM 47】 図のように、テレメータ心電図モニタで心電図をモニタしていた。このテレメータの入力回路の入力インピーダンスは $10\,\mathrm{M\Omega}$ で、両電極の生体接触インピーダンスはそれぞれ $50\,\mathrm{k\Omega}$ であった。このテレメータの電極リード差込口に生理食塩水が垂れて、差込口間の抵抗が $20\,\mathrm{k\Omega}$ になった。この場合、受信モニタで観測される R 波の大きさは本来の大きさのおよそ何％になるか。

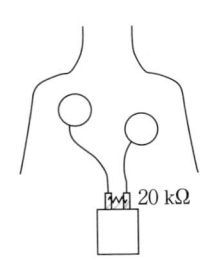

(1) 120　(2) 40　(3) 20　(4) 17　(5) 0.2

第 31 回（2009 年）

【AM 28】 直径 $1\,\mathrm{mm}$、長さ $20\,\mathrm{m}$ の銅線の抵抗はおよそ何 Ω か。ただし銅線の抵抗

率を $1.7 \times 10^{-8}\,\Omega\cdot\text{m}$ ($1.7 \times 10^{-2}\,\Omega\cdot\text{mm}^2/\text{m}$) とする。
（1） 0.66×10^{-3}　　（2） 0.84×10^{-3}　　（3） 1.1×10^{-3}
（4） 0.33　　　　　　　（5） 0.43

【AM 29】 内部抵抗 $r=2\,\text{k}\Omega$，最大目盛 1 V の直流電圧計 Ⓥ に，図のように抵抗 R_1 と R_2 を接続し，端子 b，d 間で最大 10 V，端子 c，d 間で最大 100 V の電圧が測定できるようにしたい。抵抗 R_1 と R_2 の組合せで正しいのはどれか。

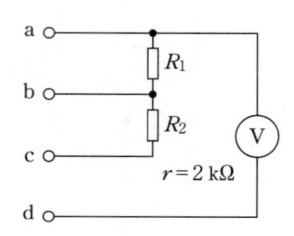

（1）　R_1：18 kΩ　　R_2：180 kΩ　　（2）　R_1：18 kΩ　　R_2：198 kΩ
（3）　R_1：18 kΩ　　R_2：200 kΩ　　（4）　R_1：20 kΩ　　R_2：180 kΩ
（5）　R_1：20 kΩ　　R_2：200 kΩ

【AM 30】 劣化した 9 V の電池の内部抵抗を測定した。図のような回路で，スイッチ S がオフのときディジタル電圧計の読みは 8.4 V で，オンにしたときは 2.8 V であった。内部抵抗は何 Ω か。

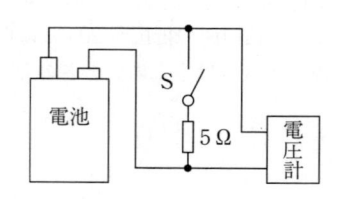

（1）　0.56　　（2）　1.6　　（3）　1.2　　（4）　10　　（5）　15

【AM 31】 図の回路で 3 Ω の抵抗に流れる電流は何 A か。

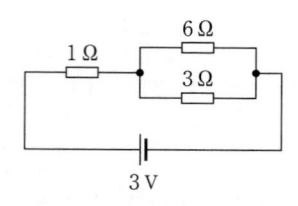

(1) 1/3　(2) 2/3　(3) 3/4　(4) 1　(5) 3/2

【AM 32】 25Ωの抵抗に10Vの電圧を10分間加えたときの消費エネルギーは何Jか。
(1) 40　(2) 240　(3) 250　(4) 2400　(5) 2500

【AM 33】 図の回路で電圧Vはおよそ何Vになるか。ただし，ダイオードDは理想ダイオードとする。

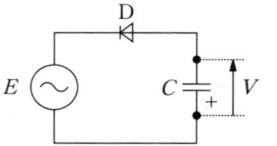

E：実効値100V，50Hzの正弦波交流電源
C：10μFのキャパシタ

(1) −140　(2) −100　(3) 0　(4) 100　(5) 140

【AM 46】 肺・胸郭系の呼吸抵抗Rと肺コンプライアンスCがそれぞれ，R=2.7 cmH$_2$O/(L/s)，C=0.1 L/cmH$_2$O のとき，肺・胸郭系の時定数で正しいのはどれか。
(1) 0.037 s^{-1}　(2) 0.27 s　(3) 2.7 s^{-1}　(4) 3.7 s　(5) 27 s^{-1}

第32回（2010年）

【AM 21】 誤っているのはどれか。
(1) 1 J=1 N·m　(2) 1 Gy=1 J/kg　(3) 1 F=1 C/V
(4) 1 T=1 Wb/m^2　(5) 1 W=1 J·s

【AM 29】 最大目盛1 mA，内部抵抗100Ωの直流電流計を使って，最大10Vまで計れる直流電圧計を構成したい。正しいのはどれか。
(1) 9.9 kΩの抵抗を電流計に並列接続する。
(2) 9.9 kΩの抵抗を電流計に直列接続する。
(3) 10.0 kΩの抵抗を電流計に並列接続する。
(4) 10.1 kΩの抵抗を電流計に直列接続する。
(5) 10.1 kΩの抵抗を電流計に並列接続する。

【AM 30】 直径1.6 mmの銅線を使った保護接地線で，接地抵抗を0.1Ω以下にするにはおよそ何m以下でなければならないか。ただし，銅の抵抗率を1.67×10^{-2} Ω·mm^2/mとする。
(1) 192　(2) 48　(3) 12　(4) 6　(5) 2.5

【AM 31】 図の ABCD の各辺に 1 kΩ の抵抗がつながれている。頂点 AD 間の合成抵抗は何 kΩ か。

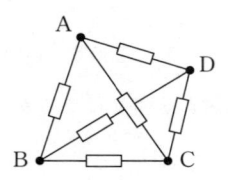

(1) 0.16　(2) 0.5　(3) 0.66　(4) 1　(5) 2

【AM 32】 図1の単発の方形波パルスを図2の CR 回路に入れた。出力波形の図3に示される V の値は何 V か。ただし、図3は正確に書かれているとは限らない。

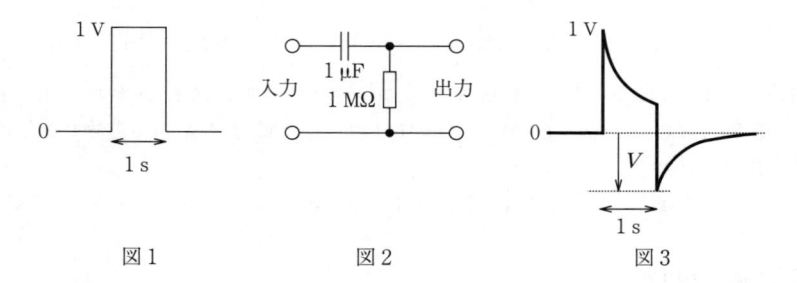

図1　　図2　　図3

(1) −0.37　(2) −0.5　(3) −0.63　(4) −0.75　(5) −1

【AM 33】 2個の同じ抵抗発熱体を一定電圧の電源に並列につないだときの総発熱量は、直列につないだときの総発熱量の何倍になるか。ただし、温度によって抵抗値は変わらないものとする。

(1) 1/4　(2) 1/2　(3) 1　(4) 2　(5) 4

【AM 34】 図の回路において1次電流 I_1 が 3 A、変圧器の巻数比 (n_1/n_2) が 4 であるとき、2次電流 I_2 は何 A か。

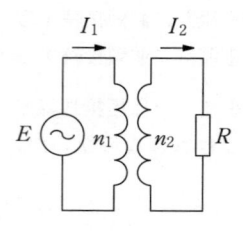

（1） 0.75　　（2） 1.0　　（3） 3.0　　（4） 6.0　　（5） 12.0

第33回（2011年）

【AM 28】 金属棒の抵抗について正しいのはどれか。
(1) 長さの2乗に比例する。　　(2) 断面積に反比例する。
(3) 金属の抵抗率の2乗に比例する。　(4) 温度に影響されない。
(5) 抵抗率は銅より金の方が小さい。

【AM 29】 フルスケール15 Vのアナログ電圧計（内部抵抗12 kΩ）を使って，60 Vまでの電圧を測定できるようにしたい。電圧計に直列に何 kΩ の抵抗（倍率器）を接続すればよいか。
（1） 3　　（2） 4　　（3） 36　　（4） 48　　（5） 60

【AM 30】 起電力3.0 V，内部抵抗1.0 Ωの電池に5.0 Ωの負荷抵抗を接続した。負荷抵抗両端の電圧は何 V か。
（1） 3.5　　（2） 3.0　　（3） 2.8　　（4） 2.5　　（5） 2.0

【AM 31】 6 Ωの抵抗を5本並列に接続し，その端子間に2 Vの電圧を10分間加えたときの消費エネルギーは何 J か。
（1） 120　　（2） 500　　（3） 1 200　　（4） 1 800　　（5） 2 000

【AM 32】 図は50 Hz正弦波交流の全波整流波形である。実効値は何 V か。

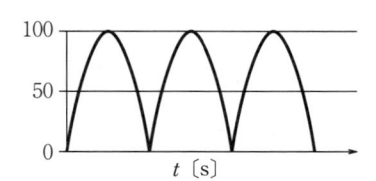

（1） 140　　（2） 100　　（3） 71　　（4） 50　　（5） 32

【PM 42】 ある電気メスの切開出力を最大値に設定し，500 Ωの無誘導負荷抵抗を接続して両端の電圧をオシロスコープで観測したら1 000 V_{pp} の正弦波が観測された。出力電力を計算すると何 W になるか。
（1） 2 000　　（2） 1 000　　（3） 500　　（4） 250　　（5） 125

第34回（2012年）

【AM 28】 $i(t) = 10\sqrt{2} \sin\left(40\pi t - \dfrac{\pi}{6}\right)$ 〔mA〕で表される交流電流について誤っている

のはどれか。
(1) 振幅：14.1 mA (2) 周波数：40 Hz (3) 位相遅れ：30°
(4) 角周波数：126 rad/s (5) 実効値：10 mA

【AM 29】 断面積 $0.02\,\mathrm{mm}^2$，長さ 3 m の銅線を 30 本ひねり合わせて保護接地線を作成した。この保護接地線の抵抗はおよそ何 Ω か。ただし，銅線の抵抗率を $1.6\times10^{-8}\,\Omega\cdot\mathrm{m}$ とする。
(1) 0.02 (2) 0.04 (3) 0.08 (4) 0.16 (5) 0.32

【AM 30】 図の回路でコンデンサ C_2 の両端電圧〔V〕はいくらか。

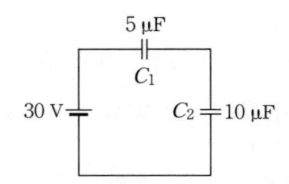

(1) 3 (2) 5 (3) 10 (4) 15 (5) 20

【PM 49】 図に示す回路の A–B 間の電圧を入力インピーダンス 10 kΩ のアナログテスタで測定したところ 4.5 V を示した。これを入力インピーダンス 10 MΩ のディジタルテスタで測定したとすると，およそ何 V を示すか。

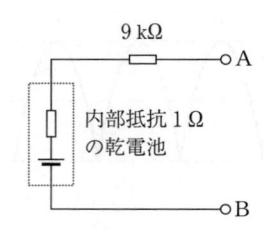

(1) 3 (2) 4.5 (3) 6 (4) 7.5 (5) 9

第 35 回（2013 年）

【AM 21】 誤っているのはどれか。
(1) $1\,\mathrm{Pa}=1\,\mathrm{N\cdot m^{-2}}$ (2) $1\,\mathrm{J}=1\,\mathrm{N\cdot m}$ (3) $1\,\mathrm{W}=1\,\mathrm{J\cdot s^{-1}}$
(4) $1\,\mathrm{F}=1\,\mathrm{C\cdot V^{-1}}$ (5) $1\,\mathrm{T}=1\,\mathrm{N\cdot A^{-1}\cdot m^{-2}}$

【AM 27】 図の回路において，端子 a–b 間の合成抵抗は何 Ω か。

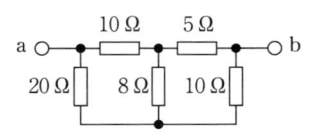

(1) 5 　(2) 10 　(3) 15 　(4) 20 　(5) 25

【AM 28】 図の交流回路で，R, L, C に流れる電流はそれぞれ図に示す値であった。合成電流 I〔A〕はいくらか。

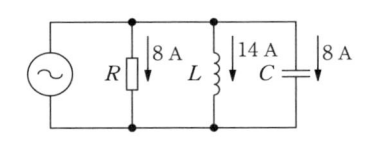

(1) 6 　(2) 10 　(3) 14 　(4) 22 　(5) 30

【AM 29】 100 V の電圧を加えたとき，100 W の電力を消費する抵抗器を 4 本直列に接続した。その両端に 100 V の電圧を加えたとき，全体の消費電力〔W〕はいくらか。ただし，抵抗器の抵抗値は一定とする。

(1) 25 　(2) 40 　(3) 100 　(4) 250 　(5) 400

【AM 30】 抵抗 R, インダクタ L, キャパシタ C からなる直列共振回路がある。R, L を一定とした場合，共振周波数を 2 倍にするには C の値を何倍にすればよいか。

(1) 1/4 　(2) 1/2 　(3) $\sqrt{2}$ 　(4) 2 　(5) 4

【PM 42】 電気メスの出力電力を求めるために高周波電流計と分流抵抗を用い，図の回路を使用した。電流計の指示が 30 mA のとき電気メスの出力はおよそいくらか。ただし，負荷抵抗 300 Ω，高周波電流計の内部抵抗 10 Ω，分流抵抗は 0.5 Ω であり，すべて無誘導抵抗である。

(1) 57 W
(2) 75 W
(3) 97 W
(4) 108 W
(5) 119 W

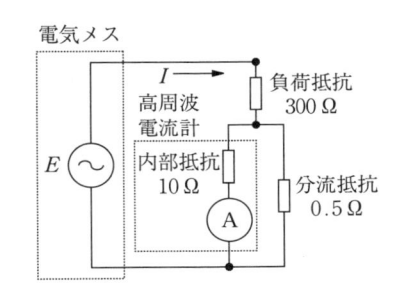

A.2 解答・解説

第 28 回（2006 年）

【AM 22】（1）

図の回路には電源が二つあるので面倒だが，電源が逆向きなので図のように単純化して考えてよい。

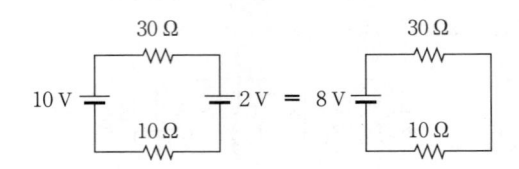

```
        30 Ω                    30 Ω
    ┌──/\/\──┐              ┌──/\/\──┐
10 V┴        ┬2 V  =  8 V┴           ┬
    ┌        ┐              ┌        ┐
    └──/\/\──┘              └──/\/\──┘
        10 Ω                    10 Ω
```

合成抵抗は $10+30=40\,\Omega$，流れる電流は $8/40=0.2\,\text{A}$。$10\,\Omega$ の抵抗に $0.2\,\text{A}$ の電流が流れるのだから，電圧は $0.2\times10=2\,\text{V}$ となる。

抵抗比が $30\,\Omega:10\,\Omega=3:1$ なので電圧比も同じ $3:1$ になるはずだから「8 を二つに分けて $3:1$ になるのは？」と考えてもよい。

【AM 23】（2）

例題 2.4 参照。

【AM 24】（4）

RC 直列のフィルタで出力は R である。時定数は $\tau=RC=1\,\mu\text{F}\times1\,\text{M}\Omega=1\,\text{s}$。出力は入力が立ち上がった瞬間が入力と同じ電圧，1 秒（時定数）後には 37 ％まで低下する。ところがこの周期信号の周期は $1\,\text{ms}$ で，$0.5\,\text{ms}$ 後には電圧が切り替わる。$1\,\text{s}$（時定数）後には 37 ％まで低下するが $0.5\,\text{ms}$ ではそんなに低下することができない。したがって出力はほぼ入力と同じ信号形になる。つぎのように考えてもよい。信号の周期は $1\,\text{ms}$ だから周波数は $f=1\,000\,\text{Hz}$，角周波数は $\omega=2\pi f=2\,000\pi\,\text{rad/s}$。コンデンサのインピーダンスは $1/j\omega C$ なので $\omega=2\,000\pi\,\text{rad/s}$ と $C=1\,\mu\text{F}$ を代入すると約 $160\,\Omega$ になる。一方 R は $1\,\text{M}\Omega$。桁違いに R が大きい。周波数が高いので C は単なる電線状態（抵抗が小さい）になっている。当然電源電圧はすべて R に現れる。入力信号の形が正弦波ではないのでこの説明は "完全に正しい" わけではないが，当たらずといえども遠からず（というか，かなり近い）と考えてよい。

【AM 25】（4）

例題 1.3 参照。

A. 第2種ME技術実力検定試験（解答・解説）　135

【AM 26】（1）

　導電率とは各辺1mの立方体の相対する2面間のコンダクタンスであり，単位はS/m。ちなみにコンダクタンスとは抵抗の逆数で単位はS（ジーメンスと読む）。

　図（a）では抵抗は$1/\sigma$〔Ω〕。図（b）では断面積がS倍なので抵抗は$1/S$，長さがL倍なので抵抗はL倍。つまり図（b）の抵抗は$L/\sigma S$である。

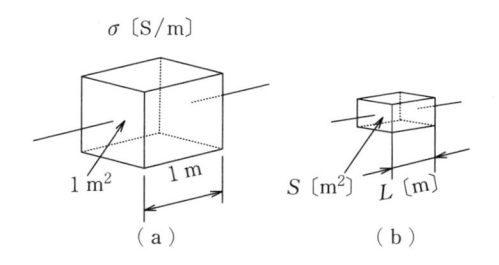

【AM 36】（3）

　抵抗が50Ωなので2kVの電圧がかかっているとき40Aの電流が流れる。このときの電力は$2\,000 \times 40 = 80$ kWだが，この意味は1秒間で80 kJのエネルギーを消費するということ。本問では2 msなので$80\,000 \times 0.002 = 160$ Jである。-1 kVの電圧がかかっているときは電流の方向が逆になるがエネルギーが消費されるという点では電流の向きは関係ない。電流は20 Aで電力は20 kW。時間は同じく2 msなので$20\,000 \times 0.002 = 40$ J。合計すると200 Jとなる。

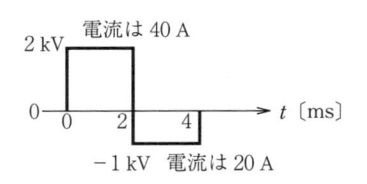

【AM 42】（3）

　例題1.4参照。

【AM 43】（2）

　問題の趣旨はハイパスフィルタを選べというもの。心電図等というのはMEならではのガジェットに過ぎない。（1）は単なる分圧回路。（2）がハイパスフィルタ。（3）と（5）はローパスフィルタ。（4）のLC直列回路については本文で述べていないので，簡単に解説しよう。LとCのインピーダンスはそれぞれ$j\omega L$，$1/j\omega C$で合成インピーダンスZはこれを足して$Z = j\omega L + 1/j\omega C = j(\omega L - 1/\omega C)$。電源電圧を$E$とすると流れる電流$I$は$I = E/Z = E/j$

($\omega L - 1/\omega C$)。L の電圧＝L に流れる電流（いま計算したI）×$j\omega L=E\omega L/$($\omega L-1/\omega C$)。$\omega L=1/\omega C$ のときは分母が0になってLの電圧が∞になる（共振）。言葉でいえばLとCのインピーダンスの大きさが等しいときは合成インピーダンスが0になり（下図），電流が∞になる。そのときLの電圧＝電流（∞）×$j\omega L=\infty$となる。周波数特性は図のとおりでありハイパスフィルタっぽい形ではあるが，本問でこれを選ぶ必然性はない。

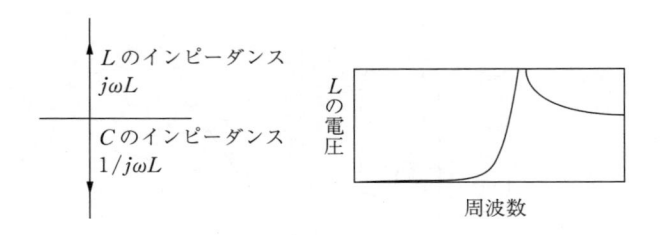

【PM 41】（4）

負荷抵抗は製造メーカーにより指定された値（200～1kΩ）か，指定がなければ通常500Ωの抵抗を用いる。

【PM 42】（1）

問題を図で描けば右のようになる。出力エネルギーの測定が1秒で行われたとすれば，360 J は360 W と考えることができる。このとき50Ωの抵抗に流れた電流をIとすると$I^2R=360$なので$I=\sqrt{7.2}$〔A〕。同じ電流が10Ωにも流れるのでそこで消費される電力は$I^2R=72$ W(72 J)。この合計がコンデンサに蓄えられていたことになる。

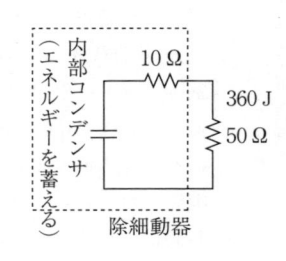

【PM 49】（5）

保護接地線が 0.1Ω以下でなければならないことを知らなければ解けない。0.02Ω/m の銅線を10本より合わせるのだから抵抗は小さくなり 0.002Ω/m の線となる。1 m で 0.002Ω であるから 50 m で 0.1Ω となる。

【PM 50】（1）

オシロスコープは波形の見える電圧計だと考えてよい。電圧計は被測定物に対して並列につなぐ。この場合の被測定物はペースメーカというより生体抵抗を模擬した抵抗である。この時点で（1）か（2）が解答候補になるが，上の

【PM 41】で示したように生体抵抗は 200 ～ 1 kΩ 程度であるから（1）を選ぶことになる。

第 29 回（2007 年）

【AM 21】（2）

1 J とは 1 N の力が力の方向に物体を 1 m 動かすときの仕事である。速さは関係ない。

【AM 23】（1）

フレミングの左手の法則を使う。例題 3.14 を見てほしい。平行な導線に同方向に電流が流れる場合には導線間に引力が働くことがわかる。逆方向に電流が流れる場合は反発力となる。AD には上向きの力が，BC には下向きの力が働くが両者は同じ大きさで向きが逆であるため打ち消し合う。左側の導線と AB の間に引力，CD の間には反発力が働くが，引力や反発力は導線間の距離が近いほど大きくなる。つまり引力の方が大きくなり，閉回路には左向きの力が働く。

【AM 28】（2）

定格とはそれ以上の電流や電圧を加えてはいけない（壊れる）ということ。定格 1 mA，内部抵抗 10 Ω の電流計に加えることができるのは 1 mA，0.01 V までである。これの定格を 10 V にするためには 10 V を加えても 1 mA しか流れない回路にしなければならない。そのための抵抗は 10 000 Ω である。内部抵抗が 10 Ω なので，直列に 9 990 Ω ＝ 9.99 kΩ を接続すればよい。

【AM 29】（5）

電源が直流である。定常状態というの回路が構成されてから十分時間がたった後ということで，つまり過渡現象などを考える必要がないということ。その場合はコイルのインピーダンスは 0（ただの電線），コンデンサのインピーダンスは ∞（ただの断線）になる。その様子を描いたのが下図左だが，それをさらに描き直せば下図右になる。3 kΩ の抵抗だけが残ったが，抵抗値などは関係なく，出力 V は電源電圧そのままであることがわかるだろう。

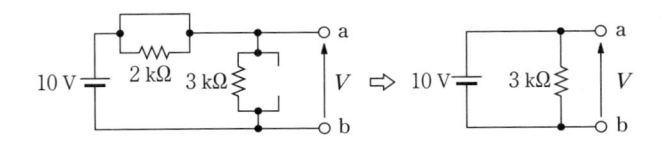

【AM 31】 （1）

⊕ は ╪ の電流版。╪ はいつでも一定の電圧を発生するのに対して，⊕ は一定の電流を流し続ける。╪ の回路では何がつながるかによって流れる電流が変わるように，⊕ の回路では何がつながるかによって発生する電圧が変わる。さて ⊕ よってコンデンサに電流が流れ続けるということはコンデンサの電圧が変化し続けるということ。

静電容量 C〔F〕のコンデンサに v〔V〕の電圧がかかっているとき，コンデンサにたくわえられる電荷 Q〔C〕は $Q=CV$（本文の式 (3.3)）。また I〔A〕の電流が t 秒間流れたときに移動する電荷 Q〔C〕は $Q=It$（本文の式 (3.1)）。これを等しいとおいて

$$v = \frac{1}{C}It + v(0)$$

$v(0)$ は最初の時点でのコンデンサにかかっている電圧で本問では 0 である。$I=1$ mA，$C=1$ μF，$t=10$ μs を代入すると $v=0.01$ V になる。

【AM 32】 （2）

100 V の電圧で 100 W の電力 → 1 A の電流 → 100 Ω の抵抗
100 V の電圧で 400 W の電力 → 4 A の電流 → 25 Ω の抵抗
この二つを直列に接続すると合成抵抗は 125 Ω。ここに 100 V の電圧を加えると 0.8 A の電流が流れ，消費電力は 80 W になる。

【AM 33】 （5）

導電率の単位は S/m。S（ジーメンス）はコンダクタンス（抵抗の逆数）の単位。

【AM 41】 （1）

「圧力波形がなまる」というのは本来，上のグラフようになるはずの血圧波形が下のようになってしまうこと。細かい変動や鋭いピーク（急な変動）がなまってのっぺりした波形になる。周波数でいえば高域をカットして低域だけが残っている。

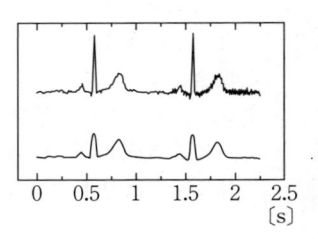

【AM 44】 （4）

流量 x〔L/s〕が t 秒間流れたときの全体の流れた量が気量 y で式は $y=xt$ である。ただしこれは流量 x がつねに一定の場合であって，最初の 1 秒とつぎの 1 秒では流量が変わるという場合は積分という計算が必要になる。しかし

本質が $y=xt$ であることに変わりはない。さて本問で流量に対応するのは電流であるが、しからば It に対応するのは何かというとそれは電荷である。

第30回（2008年）

【AM 21】（4）

例題 2.3 参照。

【AM 23】（4）

問題図を描き直すと（a）のようになる。抵抗の大きさがすべて同じというのがミソ。回路は上下左右が対称で、AB間に電圧をかけるとCとDとEの電圧が同じになる。つまり R_{CD} と R_{DE} には電流が流れない。電流が流れていない抵抗はないのも同じ（電流が流れていないのだから断線と同じ）である。すると回路は（b）のようになる。直列に並んでいる抵抗を単純に足し算して、結局、問題図は（c）のように3本の120Ωが並列に並んでいる状態になる。

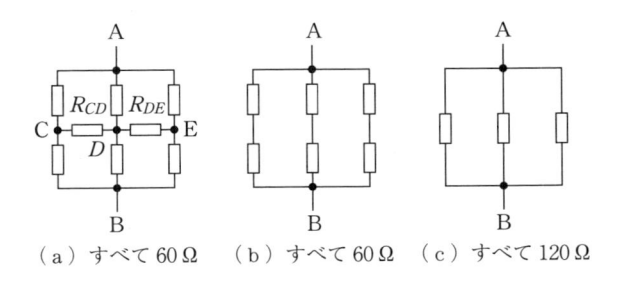

（a）すべて60Ω　（b）すべて60Ω　（c）すべて120Ω

さて、2本の抵抗が並列になっている場合は、その合成抵抗は

$$\frac{R_1 \times R_2}{R_1 + R_2}$$

であるが、3本の場合は

$$\frac{R_1 \times R_2 \times R_3}{R_1 + R_2 + R_3}$$

ではなく

$$\frac{R_1 \times R_2 \times R_3}{R_1 \cdot R_2 + R_2 \cdot R_3 + R_3 \cdot R_1}$$

となる。これを覚えるよりは

$$n \text{本の並列抵抗の合成} = \frac{1}{\dfrac{1}{R_1}+\dfrac{1}{R_2}+\cdots+\dfrac{1}{R_n}}$$

と覚えたほうがよい。3本の120Ωが並列に並んでいる場合では，合成抵抗は40Ωになる。

【AM 24】（3）

　　純抵抗とはRだけを考えればよい（CとかLは考えなくてもよい）ということ。容器内の食塩水の量をx〔mL〕としよう。食塩水1mLを1℃温度上昇させるのに必要なエネルギーは4Jだからx〔mL〕を3℃温度上昇させるのに必要なエネルギーは$4×3×x=12x$〔J〕である。さて300Ωに0.8Aが流れたのだから食塩水に加わった電圧は240Vで，消費電力は240×0.8＝192Wである。つまり1秒間に192Jのエネルギーが発生したわけで，20秒間では3840Jである。このエネルギーが食塩水の温度上昇に使われたのだから$12x=3840$として$x=320$となる。

【AM 31】（3）

　　（3）　図は金属内部のイメージイラストである。大きな丸は金属原子，小さな丸は電子を表している。金属では電子が移動することによって電流が流れる。金属の温度を上げると金属原子が激しく熱運動を行い，電子の移動を妨げる。そのため電子が移動しにくくなる（電流が流れにくくなる）。つまり抵抗が大きくなる。

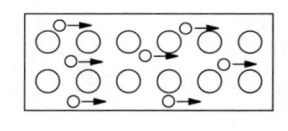

　　（5）　金属の抵抗率は小さい順に（電気の流れやすい順に）銀，銅，金，アルミニウム，マグネシウム，タングステン，コバルト，…となる。とりあえず最初の三つ（銀＜銅＜金）は覚えておこう。

【AM 32】（5）

　　定格1mA，内部抵抗10Ωの電流計には1mAの電流までしか流せない。かけられる電圧は最大0.01Vである（図（a））。この電流計にどんな抵抗を直列に接続しても100mAを流すことはできない（図（b））。それが可能なのは並列接続の場合である。図（c）のように接続して電流計に1mA，Rに99mAを流すようにすればよい。抵抗Rには電流計と同じ0.01Vがかかっている。0.01Vの電圧で99mAの電流を流す抵抗とは$0.01/0.099=0.101$Ωである。

（a）　（b）　（c）

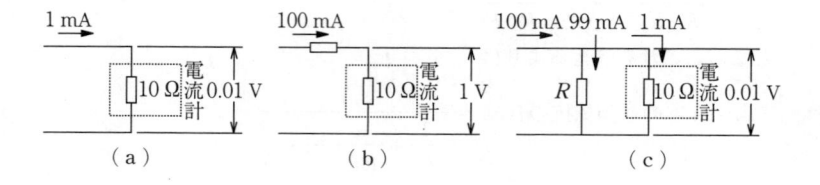

【AM 34】（5）

解き方の王道は回路の微分方程式

$$RC\frac{dE_C}{dt} + E_C = E \quad (E_C はコンデンサ両端の電位差)$$

を解いて

$$E_C = E - Ee^{-\frac{t}{CR}} = E\left(1 - e^{-\frac{t}{CR}}\right)$$

を得る。そこから

$$E_R = Ee^{-\frac{t}{CR}}$$

そして

$$i = \frac{E_R}{R} = \frac{E}{R}e^{-\frac{t}{CR}}$$

という流れだが，試験中にこんなことをやっている時間はあるまい。これは単なる暗記問題だと割り切ったほうが吉。

【AM 41】（3）

第29回（2007年）【AM 41】に「圧力波形がなまる」という問題があったが，その究極の形がこれ。変動成分がほとんど消えて，平均値だけが残っている。つまり低域通過フィルタ＝ローパスフィルタを選べばよい。

【AM 47】（4）

例題1.5参照。

第31回（2009年）

【AM 28】（5）

抵抗率が$1.7 \times 10^{-2}\,\Omega \cdot \mathrm{mm}^2/\mathrm{m}$とは右図のように断面積$1\,\mathrm{mm}^2$，長さ$1\,\mathrm{m}$の形のときに抵抗が$1.7 \times 10^{-2}\,\Omega$だということ。本問では直径1mmなので断面積は約$0.8\,\mathrm{mm}^2$になる。抵抗率$\rho$，断面積$A$，長さ$L$の物体の抵抗$R$は$\rho L/A$で表され，本問では$1.7 \times 10^{-2} \times 20/0.8 = 0.425\,\Omega$となる。

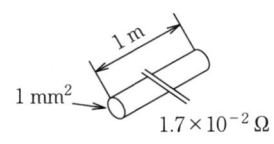

【AM 29】（1）

この電圧計には最大で1Vまでしかかけられない。それを踏まえて回路を描き直してみよう。（a）はbd間に最大10Vかけたときの図である。電圧計（2kΩ）に1Vかかるということは抵抗R_1には9Vかかるはずである。電圧計

に流れる電流は 5×10^{-4} A, これが R_1 にも流れるのだから R_1 の電圧は 18 kΩ となる。要するに電圧が 9 倍なのに同じ電流が流れるのだから抵抗も 9 倍になっているのである。

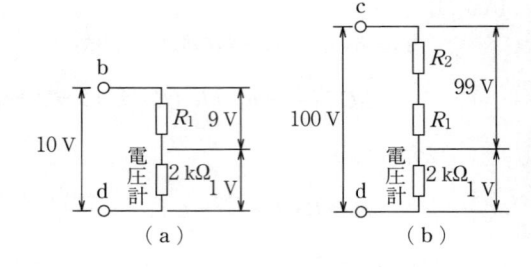

さて cd 間に最大 100 V かけたときは（b）であり，同様の考察から R_1+R_2 は $2\times 99 = 198$ kΩ となり，したがって R_2 は 180 kΩ となる。

【AM 30】（4）

ディジタル電圧計は内部抵抗が非常に大きく，端子にかかる電圧を正しく表示すると考えてよい。スイッチオフ・オンの状態の回路を図に示す。スイッチオフの図から，本来 9 V を示すはずの電池が劣化して 8.4 V になっていることがわかる。つまり $E=8.4$ V である。スイッチオンの図から 5 Ω の抵抗に流れる電流は $2.8/5=0.56$ A である。電池の内部抵抗 R には $8.4-2.8=5.6$ V がかかっており，ここに 0.56 A の電流が流れるのだから $R=5.6/0.56=10$ Ω である。

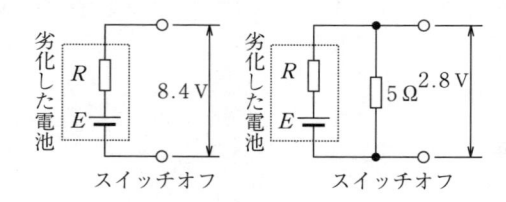

【AM 31】（2）

3 Ω と 6 Ω の並列抵抗の合成抵抗は 2 Ω。電圧のかかり方は図のようになる。3 Ω の抵抗に流れる電流は 2/3 A である。

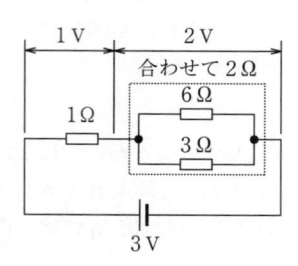

【AM 32】（4）

25 Ωの抵抗に10 Vの電圧を加えると0.4 Aの電流が流れ消費電力は4 Wである。つまり1秒間に4 Jのエネルギーを消費するわけで，これを10分間（= 600秒）続けると2 400 Jとなる。

【AM 33】（1）

回路は単純であるが，電気回路になれていないと電流・電圧の様子を理解できないだろう。ポイントはつぎの二つ。

- ダイオードは順電圧で電流が流れているときは単なる電線，逆電圧で電流が流れていないときは単なる断線
- コンデンサは電気エネルギーを蓄える（充電）

電源の実効値が100 Vなので振幅は$100 \times \sqrt{2} = 141$ Vで下図のような電圧変動をしている。Yの部分の電圧はいつも0 VでXの部分の電圧が$-141 \sim 141$ Vの変化をしている。XY間でXのほうが電圧が高いとき（$0 \sim 141 \sim 0$ V）はダイオードには逆電圧がかかり，断線状態と同じである（①の状態）。このときCには電圧がかからない。したがってZは0 Vのままになる。②になりXの電圧がYより低くなると（$0 \sim -141$ V）ダイオードは順電圧になりただの電線となる。このときはCには電源電圧と同じ電圧がかかる。これによりZの電圧は-141 Vまで下がる。コンデンサは充電され外部から電流の流入がなければZの電圧-141 Vが維持される。さて，③以降はつねにXの電圧

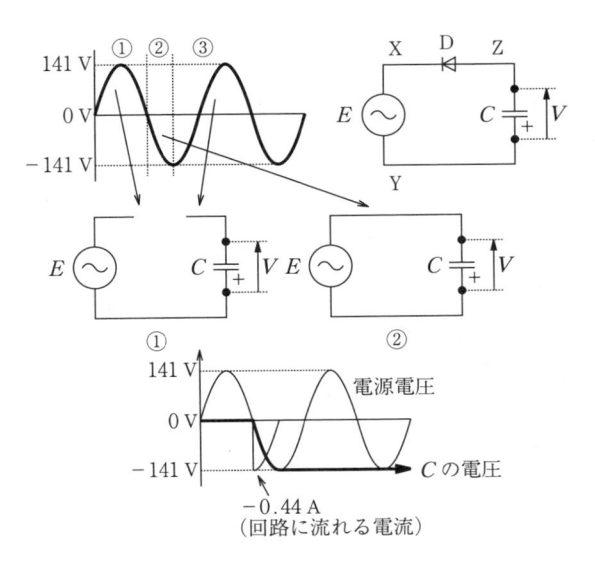

がZ＝−141Vより高くなりダイオードは逆電圧状態で電流が流れなくなる。したがってZの電圧−141Vが維持され続ける。答は（1）になる。

ちなみに周波数fは50Hzであるから角周波数は$\omega = 2\pi f = 100\pi$ rad/s。コンデンサの電気抵抗Zは$1/\omega C$。流れる電流は$I = -141/Z = -0.44$ Aとなる。電流が流れるのはコンデンサにかかる電圧が変化しているときだけであり，位相は電圧より90°進む。

【AM 46】（2）

呼吸器系と電気回路に相似関係が成り立つという問題であるが，特にひねりはなく，素直にCRを計算すればよい。

第32回（2010年）

【AM 21】（5）

誤っているのは（5）で1W＝1J/sである。ちなみにGy（グレイ）は本書では登場しないが，これは放射線量の単位であり，物質1kgが放射線によって吸収したエネルギー〔J〕を表す。

【AM 29】（2）

最大目盛1mAの電流計には1mAしか流せない。内部抵抗が100Ωなので0.1Vしか加えられない。これで10Vまで測ろうというのだから，抵抗を直列につなげるしかない（並列だと10Vがそのままかかってしまう）。すると回路は右図のようになる。直列につなげる抵抗をRとするとRには9.9Vかかる。電流計にかかる電圧0.1Vの99倍である。Rと電流計の内部抵抗100Ωには同じ電流（1mA）が流れる。電圧が99倍なのに同じ電流が流れるというのは抵抗が99倍必要なのでRは$100 \times 99 = 9900$ Ω＝9.9kΩとなる。

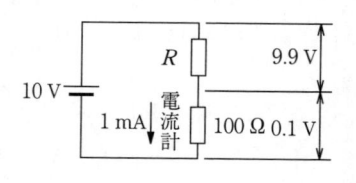

【AM 30】（3）

第31回（2009年）【AM 28】とほぼ同じ問題。直径1.6mmなので断面積は2mm²である。求める長さをx〔m〕とすると保護接地線の抵抗は$1.67 \times 10^{-2} \times x/2$でこれが0.1以下になればよい。計算は$1.67 \times 10^{-2} \times x/2 < 0.1$で答えは$x < 12$である。

【AM 31】（2）

例題1.6参照。

【AM 32】（3）

例題 2.11 参照。

【AM 33】（5）

抵抗発熱体とは単なる抵抗，総発熱量とは消費電力のことである。電源や抵抗を自分の都合のよい値に設定してしまおう（下図）。何倍になるかを聞かれているので，このようにしても差し支えない。それぞれの合成抵抗と電流を求めて電力を計算すると並列の場合は直列の場合の 4 倍の電力を消費することがわかる。

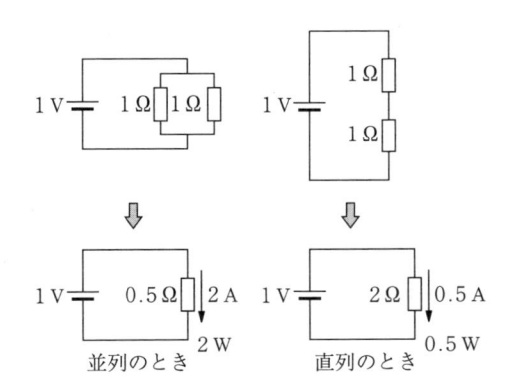

【AM 34】（5）

問題には書いていないがトランスは理想トランスであると考えてよいだろう。その場合 $I_2 = (n_1/n_2)I_1$ であるから $3 \times 4 = 12\,\text{A}$ となる。

第 33 回（2011 年）

【AM 28】（2）

抵抗率 ρ，断面積 A 〔m²〕，長さ L 〔m〕の物体の抵抗 R 〔Ω〕は $R = \rho(L/A)$ である。したがって，（1）誤り，（2）正しい，（3）誤りである。（4）と（5）については，第 30 回（2008 年）【AM 31】を参照。

【AM 29】（3）

電圧計には最大 15 V までしかかけられない。回路は右図のようになる。電圧計（12 kΩ）と R には同じ電流が流れる。電圧が 3 倍なので抵抗も 3 倍なくてはならず R は 36 kΩ となる。

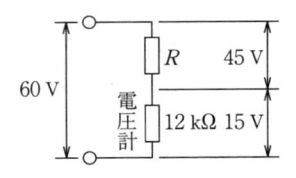

【AM 30】（4）

回路は下図のとおり。単なる分圧回路の問題で，3Vを1：5に分ければよい。答えは0.5V：2.5Vで5Ωの負荷抵抗両端の電圧は2.5Vになる。

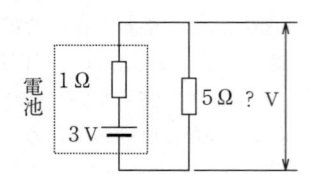

【AM 31】（5）

6Ωの抵抗を5本並列に接続すると，その合成抵抗は

$$\frac{1}{\frac{1}{6}+\frac{1}{6}+\frac{1}{6}+\frac{1}{6}+\frac{1}{6}} = \frac{1}{\frac{5}{6}} = \frac{6}{5} = 1.2\,\Omega$$

となる。これに2Vを加えると5/3〔A〕の電流が流れる。消費電力は10/3〔W〕。つまり1秒間に10/3〔J〕のエネルギーを消費するわけで，これを10分間（600秒）続けると2 000Jとなる。

【AM 32】（3）

実効値は振幅の$1/\sqrt{2}$であるが全波整流の場合はどうなるか。特に難しいことはなく，本問では$100/\sqrt{2}=70\,\text{V}$とすればよい。交流の平均電力は電圧の振幅$E$×電流の振幅$I$の半分になる。この「半分」すなわち2で割るという部

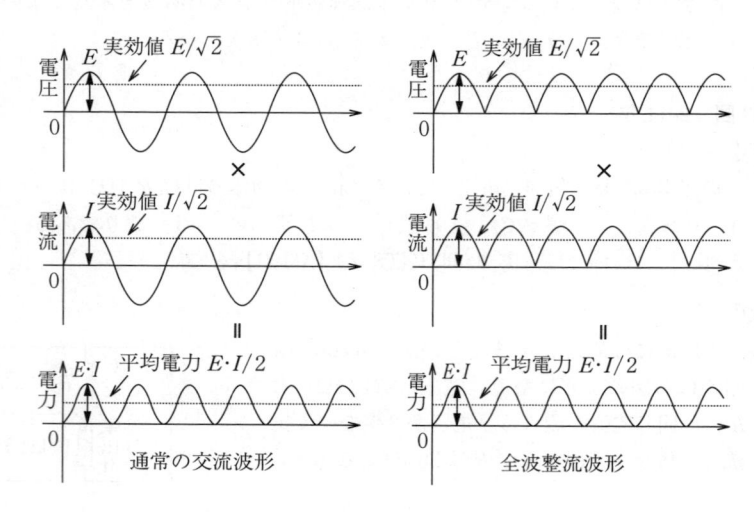

分を電圧と電流に$\sqrt{2}$ずつ振り分けて実効値と呼んでいる。まったく同じ理屈が全波整流でも成り立つことが図からわかるであろう。

【PM 42】（4）

電気メスとか切開出力などという言葉で生体関係の問題に見せかけているが純然たる電気回路問題。無誘導負荷抵抗とは単なる抵抗のこと。回路は右図（a）で抵抗にかかる電圧Eが（b）のように測定されている。$1\,000\,\text{V}_{pp}$とはピーク to ピークが$1\,000\,\text{V}$ということである。この電圧波形の振幅は$500\,\text{V}$で実効値は$500/\sqrt{2}$〔V〕である。以降は実効値で考えよう。回路に流れる電流（の実効値）は$1/\sqrt{2}$〔A〕となる。電力はこれらをかけ算すればよく$(500/\sqrt{2})\times(1/\sqrt{2})=500/2=250\,\text{W}$となる。

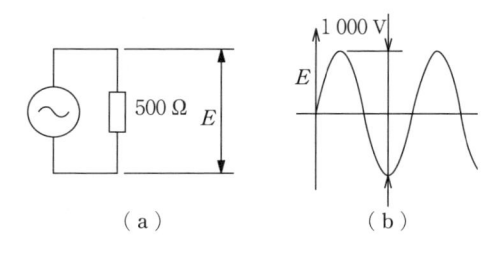

第34回（2012年）

【AM 28】（2）

交流の数式表現は下図（a）のとおり。本問に適用すると（b）になる。

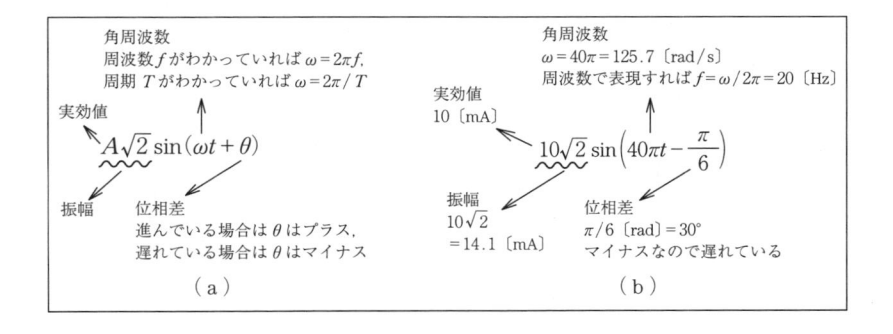

【AM 29】（3）

抵抗率ρ〔Ω·m〕，断面積A〔m^2〕，長さL〔m〕の物体の抵抗は$\rho L/A$〔Ω〕で表される。断面積$0.02\,\text{mm}^2$の銅線を30本ひねり合わせたのだから，断面積$0.02\times 30=0.6\,\text{mm}^2=0.6\times 10^{-6}\,\text{m}^2$の線になる。抵抗値は$1.6\times 10^{-8}\times 3/(0.6\times 10^{-6})=0.08\,\Omega$。

【AM 30】（3）

コンデンサが直列接続のときは蓄えられる電荷が同じ。電荷は CV で計算できる。すると

C_1 の電荷：$(5\times 10^{-6})\times V_1$

C_2 の電荷：$(10\times 10^{-6})\times V_2$　（この V_2 が答となる）

これが等しいので $(5\times 10^{-6})\times V_1 = (10\times 10^{-6})\times V_2$

また V_1 と V_2 の合計は電源電圧になるはずだから $V_1 + V_2 = 30$

ここから V_2 を求めると $V_2 = 10$ となる。ちなみに $V_1 = 20$ である。

要するに $C_1:C_2 = 5\,\mu\mathrm{F}:10\,\mu\mathrm{F} = 1:2$ なので電源電圧 30 V を 2:1 に分ける問題になる。これがコンデンサではなく抵抗で 5 Ω と 10 Ω なら電源電圧を 1:2 に分ける問題となり，5 Ω に 10 V，10 Ω に 20 V がかかる（流れる電流が同じになる）。

【PM 49】（5）

抵抗の値が極端に違うので適当な近似を行うのが効果的である。まずアナログテスターの場合を図にしたのが（a）である。抵抗を並べてわかりやすくすると（b）になるが電池の内部抵抗 1 Ω は他の抵抗に比べて極端に小さい。例えば 1 Ω と 9 kΩ の合成抵抗は 9 001 Ω であるが，これは 9 000 Ω としても問題ない。すると回路は（c）になる。10 kΩ に 4.5 V がかかっているのだから電流は 4.5×10^{-4} A。これが 9 kΩ にも流れるのだから 9 kΩ にかかる電圧は 4.05 V。これもざっくりと 4 V としてしまえば電源電圧は 8.5 V となる。さて

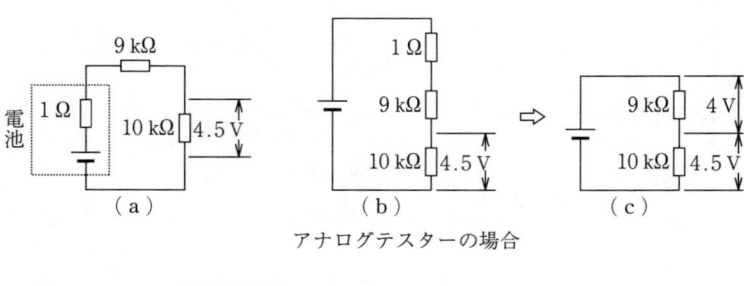

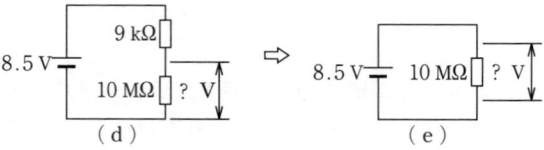

アナログテスターの場合

ディジタルテスターの場合

ディジタルテスターの場合は（d）になる。10 MΩと9 kΩの合成抵抗は10 009 000（一千万九千）〔Ω〕だが，これも10 MΩと考えてよいだろう。ピンとこない人は一千万円と九千円を思い浮かべるとよい。九千円は誤差の範囲であることがわかるだろう。結局，回路は（e）となり，電源電圧8.5 Vそのままが測定されることがわかる。ちなみに1 Ωまで含めて正確に計算すると8.543 Vになる。選択肢に8.5 Vがないのが気に入らないが，あえて選ぶとしたら（5）の9 Vであろう。

第35回（2013年）

【AM 21】（5）

(5) $1\,\text{T} = 1\,\text{N}\cdot\text{A}^{-1}\cdot\text{m}^{-1}$

【AM 27】（2）

回路を一目見てホイートストンブリッジを構成していると見抜けたらたいしたもの。わからない人は（a）を見て回路の変形について経験値を上げてほしい。向かい合う抵抗値の積が等しいので真ん中の8 Ωには電流が流れず，省いてしまってもかまわない。すると（b）のようになり，抵抗の直列・並列接続問題になる。上の二つは10 + 5 = 15 Ω，下の二つは20 + 10 = 30 Ω。これが並列になっているので

$$\frac{15 \times 30}{15 + 30} = \frac{450}{45} = 10\,\Omega$$

となる。

【AM 28】（2）

8 + 14 + 8 = 30 Aではない。解き方を作図と計算で説明しよう。まず作図による解き方。交流回路であるから流れる電流は増えたり減ったりするが，問題に記されている電流はその最大値（振幅）と考えてよい。R, L, C は並列に接続されているので，三つの素子には同じ電圧（電源電圧）がかかっている。

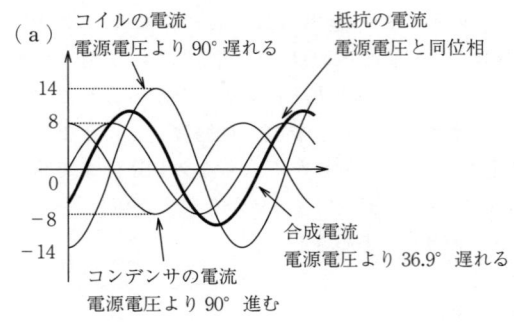

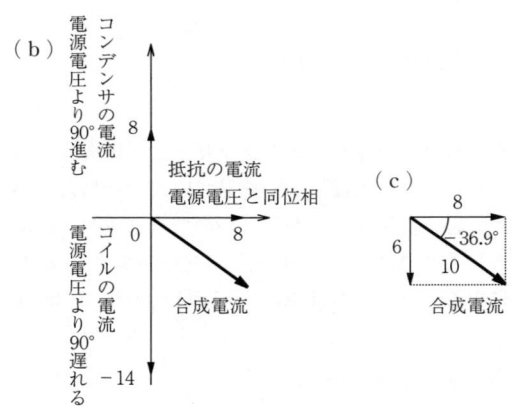

(a) コイルの電流 電源電圧より90°遅れる
抵抗の電流 電源電圧と同位相
合成電流 電源電圧より36.9°遅れる
コンデンサの電流 電源電圧より90°進む

(b) コンデンサの電流 電源電圧より90°進む
抵抗の電流 電源電圧と同位相
コイルの電流 電源電圧より90°遅れる
合成電流

(c) 合成電流

R, L, Cの特徴はかかっている電圧に対して流れる電流が

　　　R：　同位相，　　L：　90°遅れる，　　C：　90°進む

である。これを図示すると（a）のようになる。合成電流はこれらを足したもので，単純に$8+14+8$とはならないことがわかるだろう。合成電流も正弦波的に変化し，答はその最大値（振幅）である。解き方は（b）（c）のとおりであり合成電流は10 A，位相は$-36.9°$になる。角度自体は$36.9°$であるがx軸より下にきているのでマイナスとなり，これは位相が遅れていることを意味している。

　つぎに計算による解き方。電源電圧をE〔V〕としよう。R, L, Cのインピーダンスは

　　　R：　R〔Ω〕，　　L：　ωL〔Ω〕，　　C：　$\dfrac{1}{\omega C}$〔Ω〕

である。Rには8 A流れているのだからオームの法則より$E=8R$（∴　$1/R=$

$8/E$), L には 14 A 流れているのだから $E=14\omega L$（∴ $1/\omega L=14/E$），C には 8 A 流れているのだから $E=8/\omega C$（∴ $\omega C=8/E$）である．さて，RLC 並列回路の合成インピーダンス Z は

$$|Z|=\dfrac{1}{\sqrt{\dfrac{1}{R^2}+\left(\dfrac{1}{\omega L}-\omega C\right)^2}}$$

であるから先ほど求めた値を代入してみると

$$|Z|=\dfrac{1}{\sqrt{\dfrac{1}{R^2}+\left(\dfrac{1}{\omega L}-\omega C\right)^2}}=\dfrac{1}{\sqrt{\left(\dfrac{8}{E}\right)^2+\left(\dfrac{14}{E}-\dfrac{8}{E}\right)^2}}$$

$$=\dfrac{1}{\sqrt{\left(\dfrac{8}{E}\right)^2+\left(\dfrac{6}{E}\right)^2}}=\dfrac{1}{\sqrt{\dfrac{100}{E^2}}}=\dfrac{E}{10}$$

となる．流れる電流は $I=E/|Z|=10$ A である．

Z の位相は $\theta=\tan^{-1}R\{(1/\omega L)-\omega C\}$ であり，値を代入して（電卓で）計算すると $36.9°$ となる．値がプラスなので進んでいるわけだが，$E=IZ$，つまり I に位相の進んだものをかけると E になるわけで，E のほうが I より進んでいることになる．逆にいえば電流は電圧より位相が遅れているわけである．

【AM 29】（1）

電力＝電圧×電流．100 V の電圧を加えたとき，100 W の電力を消費する抵抗器には 1 A の電流が流れている．すなわちこの抵抗器の抵抗値は 100 Ω である．これを 4 本直列に接続すると 400 Ω になり，100 V の電圧を加えると 0.25 A の電流が流れる．全体の消費電力は 100 V×0.25 A＝25 W となる．

この電力が熱に変わったとすると，抵抗器の温度が上がる．温度が変わると抵抗器の抵抗値が変わる可能性があり，そうすると上の計算は成り立たなくなるのだが，そんな面倒なことは考えなくてもいいよ，というのが「抵抗器の抵抗値は一定」というただし書きである．

【AM 30】（1）

RLC 直列回路の共振周波数は $\omega=\sqrt{(1/LC)}$，$f=(1/2\pi)\sqrt{(1/LC)}$ である．R は関係ない．L 変えずに共振周波数を 2 倍にするには，C の値を $1/4$ にすればよい．計算はつぎのとおり．

$$2\sqrt{\dfrac{1}{LC}}=\sqrt{\dfrac{4}{LC}}=\sqrt{\dfrac{1}{L\left(\dfrac{C}{4}\right)}}$$

【PM 42】（5）

　　電気メスというと医用関係のように見えるが，じつは単なる電気回路の問題。分流抵抗などという言葉に惑わされる必要はない。単なる抵抗である。Ⓐは回路になんの影響も与えずに電流を測定する理想的デバイスであるが，実際の電流計には内部抵抗が存在するので問題の図のような表現になっている。回路を描き直せば下図のようになり，電圧 E と電流 I を求めれば $E \times I$ で出力電力を求められる。ちなみに細かいことをいうと，抵抗はわずかではあるがコイルの成分を持っている。周波数が高い場合はこの影響が無視できなくなる場合がある。そういう余計なことを考えるな，というのが「無誘導抵抗」というただし書きである。では解説に移ろう。

① $10\,\Omega$ の抵抗に $30\,\text{mA}$ の電流が流れているので，かかっている電圧は $10 \times 0.03 = 0.3\,\text{V}$ である。この電圧は並列につながっている $0.5\,\Omega$ にもかかっている。

② $0.5\,\Omega$ の抵抗に $0.3\,\text{V}$ の電圧がかかっているので，流れている電流は $0.3/0.5 = 0.6\,\text{A}$ である。

③ 全体の電流は $I = 0.03 + 0.6 = 0.63\,\text{A}$ である。

④ $300\,\Omega$ の抵抗に $0.63\,\text{A}$ の電流が流れているので，かかっている電圧は $300 \times 0.63 = 189\,\text{V}$ である。

⑤ 全体の電圧は $E = 189 + 0.3 = 189.3\,\text{V}$ である。

⑥ 求める出力電力は $E \times I = 189.3 \times 0.63 = 119.259\,\text{W}$ となる。

最後の計算が面倒な場合は $189 \times 0.6 = 113.4$ でこれより大きいんだな，と考えれば（5）を選べる。

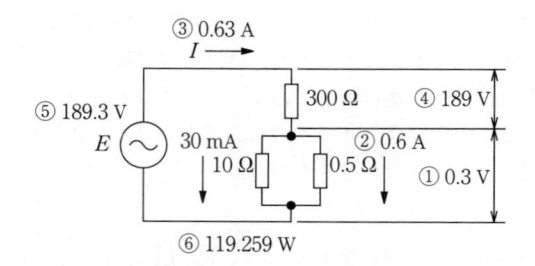

B. 臨床工学技士国家試験

B.1 問題（電気回路抜粋）

第19回（2006年）

【PM 01】 図のように+1クーロンの電荷と+4クーロンの電荷が一直線上に60 cm離れて置かれている。この直線上に+1クーロンの電荷を置いたときにかかる力の総和が0となる位置はどれか。

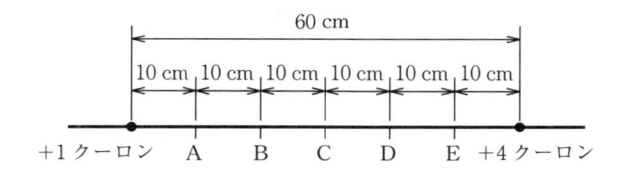

(1) A (2) B (3) C (4) D (5) E

【PM 02】 巻数が10回のコイルを貫く磁束が，0.5秒間に0.1 Wbから0.5 Wbまで一様な割合で増加した。この間に発生する起電力はどれか。
(1) -0.8 V (2) -1.0 V (3) -2.0 V (4) -8.0 V
(5) -10.0 V

【PM 03】 図のように真空中で，2本の平行な無限に長い線状導線1，2に大きさが等しく，反対方向に I [A] の電流が流れているとき，P点での磁界 [T] はどれか。ただし，点Pは各導線から等しく r [m] 離れている。また，μ_0 は真空の透磁率である。

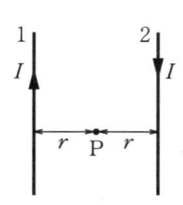

(1) 0 (2) $\dfrac{\mu_0 I}{4\pi r}$ (3) $\dfrac{\mu_0 I}{2\pi r}$ (4) $\dfrac{\mu_0 I}{\pi r}$ (5) $\dfrac{2\mu_0 I}{\pi r}$

【PM 04】 図の回路で，入力にどんな電圧を加えても出力が0 Vとなる条件はどれか。

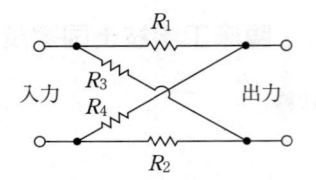

(1)　$R_1 \cdot R_2 = R_3 \cdot R_4$　　　　(2)　$R_1 \cdot R_4 = R_2 \cdot R_3$

(3)　$\dfrac{R_2}{R_1}(R_3 + R_4) = \dfrac{R_4}{R_3}(R_1 + R_2)$　　(4)　$\dfrac{R_2 R_4}{R_1} = \dfrac{R_1 R_3}{R_2}$

(5)　$R_1 + R_3 = R_2 + R_4$

【PM 05】　図のような直流回路において 3Ω の抵抗に流れる電流が 1A である。この回路の電源電圧 E の値はどれか。

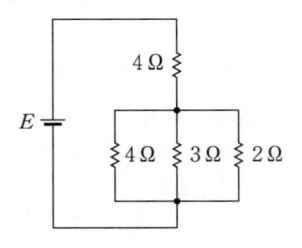

(1)　12 V　　(2)　14 V　　(3)　16 V　　(4)　18 V　　(5)　20 V

【PM 06】　コイルに交流電圧を印加した場合，コイルに流れる電流と電圧の位相について正しいのはどれか。
(1)　電流は電圧より $\pi/2$ 位相が遅れている。
(2)　電流は電圧より $\pi/4$ 位相が遅れている。
(3)　電流は電圧と同位相である。
(4)　電流は電圧より $\pi/4$ 位相が進んでいる。
(5)　電流は電圧より $\pi/2$ 位相が進んでいる。

【PM 07】　図の RLC 直列回路において C の大きさを 10 倍に，L の大きさを 10 倍にした。共振周波数は元の何倍になるか。

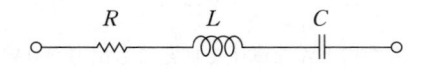

(1)　1/100　　(2)　1/10　　(3)　1　　(4)　10　　(5)　100

【PM 08】 図の回路において抵抗での消費電力が 400 W のとき，リアクタンス X の値はどれか。

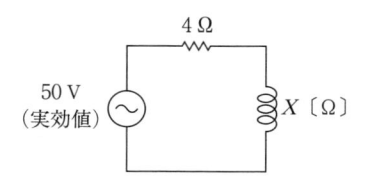

（1）3 Ω　（2）4 Ω　（3）5 Ω　（4）6 Ω　（5）7 Ω

【PM 09】 図のようにコンデンサを接続した場合，端子 AB 間の合成静電容量はどれか。

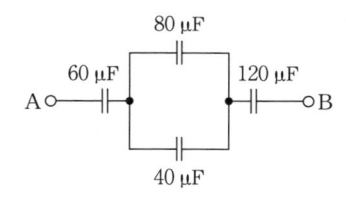

（1）20 μF　（2）30 μF　（3）40 μF　（4）50 μF　（5）60 μF

【PM 10】 誤っている組合せはどれか。
（1）1 GHz　　1×10^9 Hz　　（2）1 MΩ　　1×10^6 Ω
（3）1 μA　　1×10^{-6} A　　（4）1 pF　　1×10^{-12} F
（5）1 nm　　1×10^{-15} m

【PM 11】 $1/j$ に等しいのはどれか。ただし，j は虚数単位である。
（1）j　（2）$-j^2$　（3）j^3　（4）$-j^4$　（5）j^5

【PM 12】 図1の回路に図2に示す電圧波形を入力したときの出力波形はどれか。ただし，ダイオードは理想ダイオードとする。

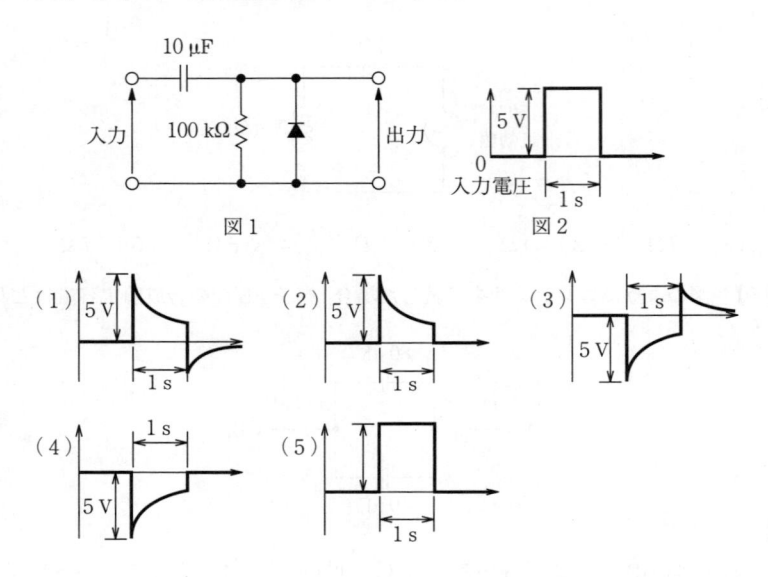

図1

図2

(1) (2) (3) (4) (5)

【PM 13】 ダイオードを用いた回路の端子 AB 間に図1の正弦波電圧 v_i を入力した。端子 CD 間に図2の電圧 v_o が得られる回路はどれか。ただし，ダイオードは理想ダイオードとする。

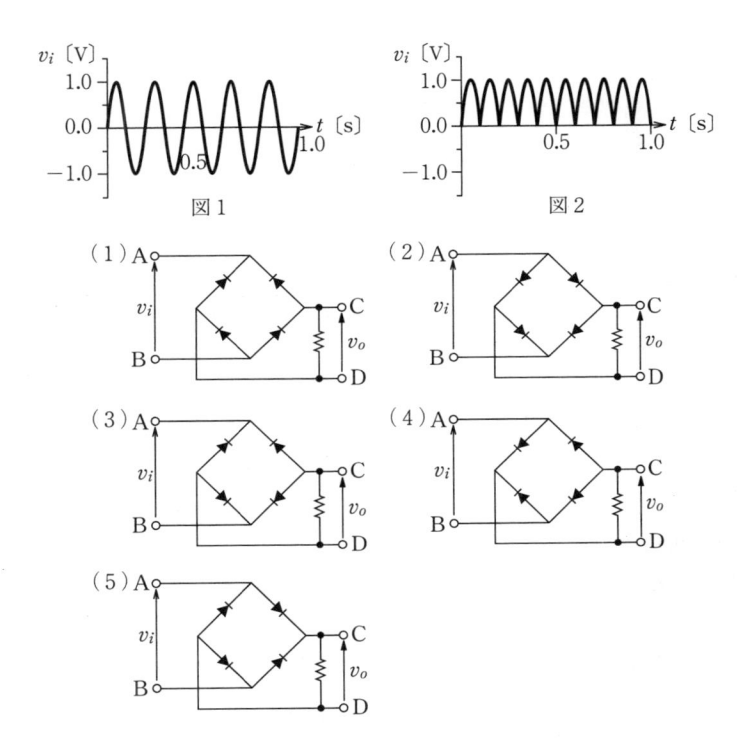

【PM 15】 図のフィルタ回路の時定数は 100 μs である。この回路の高域遮断周波数に最も近いのはどれか。

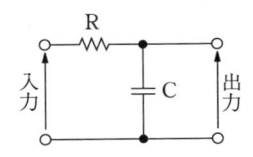

(1) 0.80 kHz　(2) 1.6 kHz　(3) 3.2 kHz
(4) 6.4 kHz　(5) 12.8 kHz

【PM 19】 図の回路は，端子 A，B の電圧の高低に従って端子 X に高か低の信号を出力する。信号電圧の高（E〔V〕）および低（0 V）をそれぞれ 1，0 で表すと，正しい真理値表はどれか。ただし，ダイオードは理想ダイオードとする。

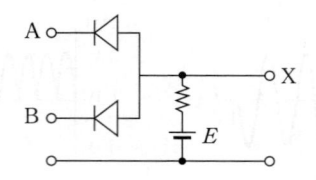

	（1）			（2）			（3）			（4）			（5）	
入力		出力	入力		出力	入力		出力	入力		出力	入力		出力
A	B	X	A	B	X	A	B	X	A	B	X	A	B	X
0	0	0	0	0	0	0	0	1	0	0	0	0	0	1
0	1	0	0	1	1	0	1	0	0	1	1	0	1	1
1	0	0	1	0	1	1	0	0	1	0	1	1	0	1
1	1	1	1	1	0	1	1	1	1	1	1	1	1	0

第 20 回（2007 年）

【PM 01】 図のような一様電界中の点 A に $+q$〔C〕の電荷がある。この電荷を A から B へ動かすときの仕事〔J〕はどれか。ただし，電界の強さを E〔V/m〕，BC 間の距離を x〔m〕，CA 間の距離を y〔m〕とする。

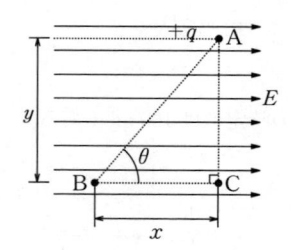

（1） qEx 　　（2） qEy 　　（3） $qEx + qEy$
（4） $qEx/\sin\theta$ 　　（5） $qEx/\cos\theta$

【PM 02】 2 枚の平行平板電極からなるコンデンサがある。電極面積は S であり電極間は空気で満たされている。この電極を水平に支えるため，図のように中央部に誘電体円柱を挿入した。誘電体水平断面の面積は $S/2$，比誘電率は 5 である。挿入前の静電容量と挿入後の静電容量との比で最も近いのはどれか。

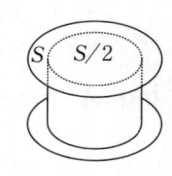

(1) 1 : 1　　(2) 1 : 2　　(3) 1 : 3　　(4) 1 : 4　　(5) 1 : 5

【PM 03】　開放電圧が3.6Vの電池に15Ωの抵抗を接続すると200 mAの電流が流れた。この電池の内部抵抗はどれか。
　　　　(1) 2.0Ω　　(2) 3.0Ω　　(3) 5.0Ω　　(4) 15Ω　　(5) 18Ω

【PM 04】　1回巻コイルに2Aの電流を流したとき, 0.08 Wbの磁束が生じた。このコイルを50回巻にしたときの自己インダクタンスはどれか。
　　　　(1) 0.2 H　　(2) 0.5 H　　(3) 0.8 H　　(4) 2 H　　(5) 8 H

【PM 05】　図のようにコンデンサを電池に接続したとき, AB間の電圧はどれか。

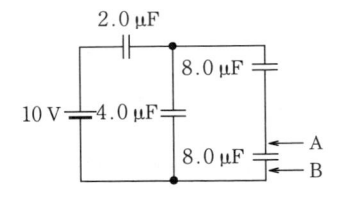

(1) 1.0 V　　(2) 1.9 V　　(3) 3.8 V　　(4) 4.0 V　　(5) 4.4 V

【PM 06】　図の回路で抵抗2Ωでの消費電力が2Wである。電源電圧 E はどれか。

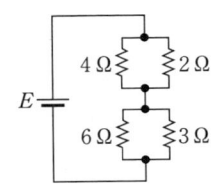

(1) 2 V　　(2) 3 V　　(3) 4 V　　(4) 5 V　　(5) 6 V

【PM 07】　図1の電圧波形を図2の回路へ入力したときの出力電圧波形で最も近いのはどれか。

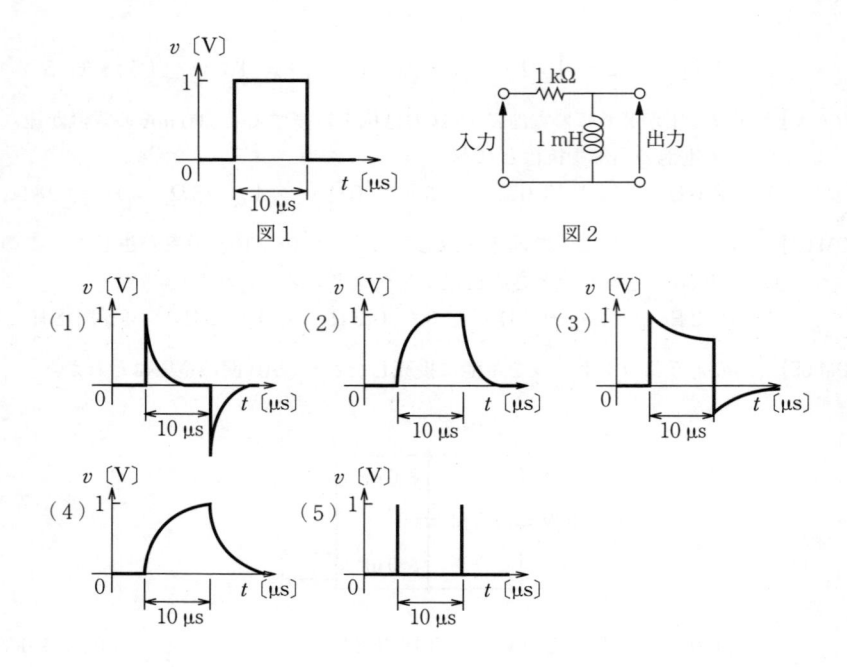

図1 — 入力電圧波形（1V, 10μs幅のパルス）

図2 — 1kΩ抵抗と1mHインダクタの回路（入力／出力）

(1) 減衰波形（正のスパイク後に負に振れる）
(2) 立ち上がり・立ち下がりが緩やかな波形
(3) 立ち上がり後減衰し負に振れる波形
(4) 充電的に立ち上がり減衰する波形
(5) 両端にスパイクのみの波形

【PM 08】 図の回路で抵抗に2A（実効値）の電流が流れている。リアクタンス X の値はどれか。

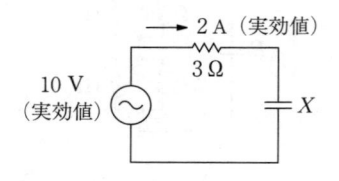

回路：10V（実効値）交流電源、3Ω抵抗（2A 実効値）、コンデンサ X の直列回路

 (1) 1Ω　 (2) 2Ω　 (3) 3Ω　 (4) 4Ω　 (5) 5Ω

【PM 09】 図の回路で C が変化すると，回路を流れる電流 I が変化する。I が最大となるときの C の値はどれか。ただし，f は交流電源の周波数とする。

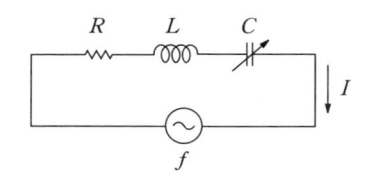

(1) $(2\pi f)^2 L$　(2) $\dfrac{1}{(2\pi f)^2 L}$　(3) $2\pi f R$

(4) $\dfrac{1}{2\pi f R}$　(5) $\dfrac{R}{2\pi f L}$

【PM 10】 図のように変圧器に交流電源と抵抗を接続している。一次側に流れる交流電流が 6.0 A（実効値）のとき，二次側の電流（実効値）はどれか。ただし，変圧器の巻数比は 1：2 とする。

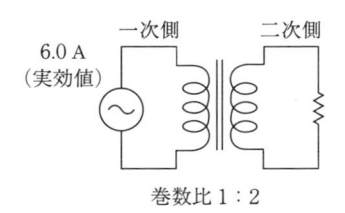

(1) 1.5 A　(2) 3.0 A　(3) 6.0 A　(4) 12 A　(5) 24 A

【PM 11】 複素数の偏角が $\pi/4$ rad となるのはどれか。ただし，j は虚数単位である。
(1) $1+j$　(2) $1+2j$　(3) $2+\sqrt{3}j$　(4) $1-j$　(5) $1-2j$

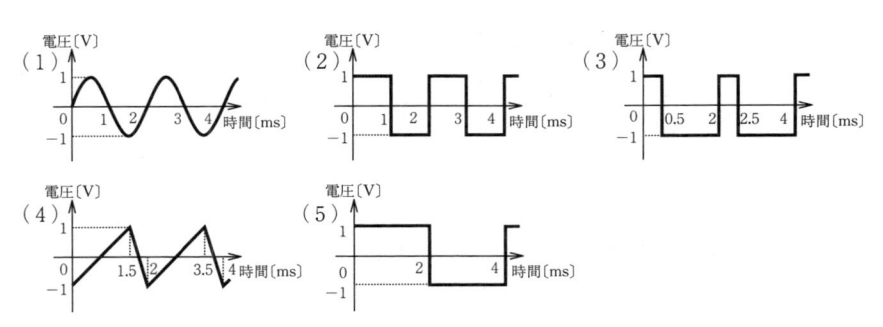

【PM 17】 基本周波数が異なる波形はどれか。

第21回 (2008年)

【PM 01】 図のように正三角形の頂点 A, B, C にそれぞれ $-q$ [C], $-q$ [C], $+q$ [C] の電荷がある。頂点 A にある電荷に働く力の向きはどれか。ただし，向きは辺 BC に対する角度で表す。

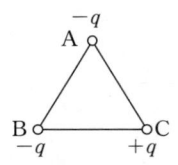

（1） 0度　（2） 60度　（3） 90度　（4） 120度　（5） 150度

【PM 02】 一様な磁界の中に 8 A の電流が流れている直線状の導線がある。この導線 1 m 当たりに作用する力はどれか。ただし，磁束密度は 0.5 T，磁界と電流の間の角度は 30 度とする。

（1） 0.5 N　（2） 0.9 N　（3） 2.0 N　（4） 3.4 N　（5） 4.0 N

【PM 03】 一回巻きコイル内の磁束が $\sin \omega t$ [Wb] で表されるとき，コイルに生じる起電力の大きさはどれか。

（1） $\cos \omega t$ [V]　（2） $\omega \cos \omega t$ [V]　（3） $\dfrac{1}{\omega} \cos \omega t$ [V]

（4） $\omega \sin \omega t$ [V]　（5） $\dfrac{1}{\omega} \sin \omega t$ [V]

【PM 04】 図の回路の合成静電容量はどれか。

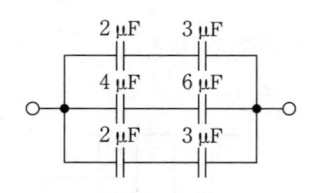

（1） 1.2 µF　（2） 2.0 µF　（3） 2.4 µF　（4） 4.0 µF　（5） 4.8 µF

【PM 05】 最大容量 500 pF の可変コンデンサがある。容量を最大にして直流 500 V の電源に接続した。その後，電源から切り離して 200 pF に容量を減少させた。可変コンデンサの端子電圧は何 V になるか。ただし，コンデンサは無損失とする。

(1) 200　　(2) 320　　(3) 500　　(4) 790　　(5) 1 250

【PM 06】 長さが等しい2本の円柱状導線A, Bがある。Aの導電率はBの導電率の1.25倍，Aの直径はBの直径の2倍とする。Aの抵抗値はBの抵抗値の何倍か。
(1) 0.2　　(2) 0.4　　(3) 2.5　　(4) 5　　(5) 10

【PM 07】 図の回路で抵抗200Ωに0.1Aの電流が流れている。電圧Eは何Vか。

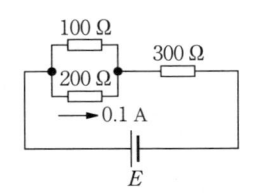

(1) 20　　(2) 50　　(3) 70　　(4) 90　　(5) 110

【PM 08】 図の回路のインピーダンスの絶対値はどれか。ただし，ωは角周波数である。

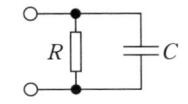

(1) $\sqrt{R^2 + \dfrac{1}{\omega^2 C^2}}$　　(2) $\sqrt{R^2 + \omega^2 C^2}$　　(3) $\dfrac{1}{\sqrt{R^2 + \omega^2 C^2}}$

(4) $\sqrt{\dfrac{R}{1 + \omega^2 C^2 R^2}}$　　(5) $\dfrac{R}{\sqrt{1 + \omega^2 C^2 R^2}}$

【PM 09】 図の回路の交流電源の周波数fを変化させたとき，電流iの振幅について正しいのはどれか。ただし，回路の共振周波数をf_0とする。

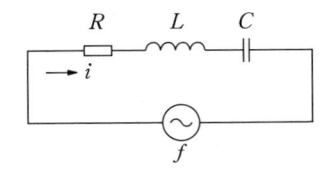

(1) f_0付近ではfに比例する。
(2) f_0付近ではfに反比例する。
(3) $\dfrac{f_0}{\sqrt{2}}$から$\sqrt{2}f_0$の間で一定となる。

（4） f_0 で最大となる。
（5） f_0 で最小となる。

【PM 10】 図の回路の二次側で消費する電力はどれか。ただし，変圧器は理想的であり，巻数比は1：10とする。

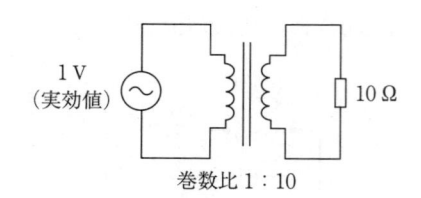

（1） 0.01 W　（2） 0.1 W　（3） 1 W　（4） 10 W　（5） 100 W

【PM 11】 100 gの冷水が入った保温ポットに電気抵抗42 Ωのニクロム線を入れて直流1 Aを10秒間通電した。水の温度上昇はどれか。ただし，比熱を$4.2 \text{ Jg}^{-1}\text{K}^{-1}$とする。
（1） 1.0℃　（2） 4.2℃　（3） 10℃　（4） 18℃　（5） 42℃

【PM 14】 図1に示す正弦波電圧 v_i を図2の端子 AB 間に入力するとき，端子 CD 間の電圧波形は v_o はどれか。ただし，ダイオードは理想ダイオードとする。

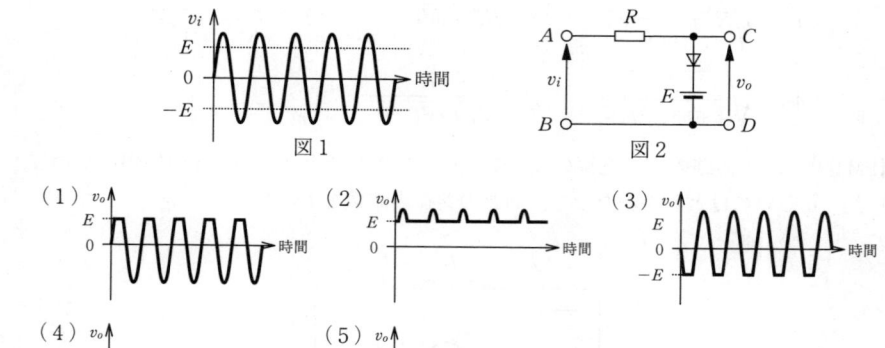

【PM 23】 $(1+j)\cdot(1-j)$ と等しいのはどれか。ただし，jは虚数単位である。
（1） 0　（2） $\sqrt{2}$　（3） 2　（4） $\sqrt{2}-j\sqrt{2}$　（5） $\sqrt{2}+j\sqrt{2}$

第22回（2009年）

【AM 46】 正しいのはどれか。
(1) 電界の強さは1Cの電荷に働く力によって定義される。
(2) 単一電荷によって生じる電界の強さは電荷からの距離に反比例する。
(3) 単一電荷によって生じる電位は電荷からの距離の2乗に反比例する。
(4) 電位は1Cの電荷を動かすのに要する力である。
(5) 電位はベクトル量である。

【AM 47】 無限長ソレノイドで正しいのはどれか。
a. 内部磁界の強さは電流の2乗に比例する。
b. 内部磁界の強さは単位長さ当たりの巻数に比例する。
c. 内部磁界の磁束密度は一様である。
d. 内部磁界と外部磁界の強さは等しい。
e. 内部磁界の方向はらせん構造の中心軸方向と直交する。
(1) ab (2) ae (3) bc (4) cd (5) de

【AM 48】 図の回路で正しい式はどれか。

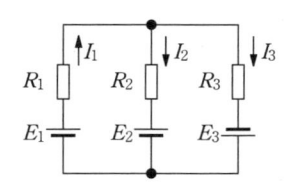

a. $I_1 - I_2 - I_3 = 0$ b. $I_1 + I_2 + I_3 = E_1/R_1$
c. $I_1 R_1 + I_3 R_3 = E_1 - E_3$ d. $I_1 R_1 + I_2 R_2 = E_1 - E_2$
e. $-I_2 R_2 + I_3 R_3 = E_2 + E_3$
(1) abc (2) abe (3) ade (4) bcd (5) cde

【AM 49】 商用交流100V電源の電圧波形を記録すると正弦波に近い波形が得られた。この波形の最大値-最小値間（peak to peak）の電位差に最も近いのはどれか。
(1) 100V (2) 140V (3) 200V (4) 280V (5) 400V

【AM 50】 RLC直列回路に交流電圧を印加したときの印加電圧に対する電流の位相角 θ はどれか。ただし、ω は角周波数である。
(1) $\tan^{-1}\left(\dfrac{L}{\omega CR}\right)$ (2) $\tan^{-1}\left(\dfrac{R}{\omega CR}\right)$ (3) $\tan^{-1}\left(\dfrac{R}{\dfrac{1}{\omega C} - \omega L}\right)$

(4) $\tan^{-1}\left(\dfrac{\dfrac{1}{\omega C} - \omega L}{R}\right)$ 　　(5) $\tan^{-1}\left(\dfrac{\omega L}{1 + \omega CR}\right)$

【AM 51】 図の回路の一次側巻線に流れる電流はどれか。ただし，変圧器は理想的であり，巻数比は 1：10 とする。

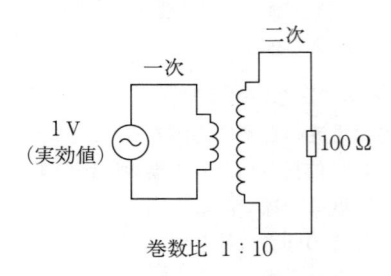

　　　　　1 V（実効値）　　　一次　　二次　　100 Ω
　　　　　　　　　　　　　　巻数比 1：10

　　(1) 1 A　　(2) 5 A　　(3) 10 A　　(4) 50 A　　(5) 100 A

【AM 52】 定電圧ダイオードとして使われるのはどれか。
　　(1) フォトダイオード　　(2) 発光ダイオード
　　(3) ツェナーダイオード　　(4) 可変容量ダイオード
　　(5) トンネルダイオード

【PM 46】 図のように 2 本の直線状導線が xy 平面内で x 軸に平行に保たれており，A から B の方向へ電流が流れている。C から D の方向へ電流を流した場合に導線 CD に作用する力の方向はどれか。

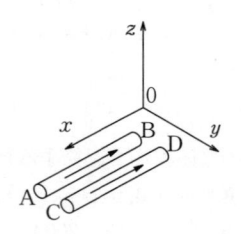

　　(1) x 軸の正の方向　　(2) x 軸の負の方向　　(3) y 軸の正の方向
　　(4) y 軸の負の方向　　(5) z 軸の正の方向

【PM 47】 図の回路で，R_2 の消費電力が 1 W であるときに R_1 の両端の電圧はどれか。ただし，$R_1 = 2\,\Omega$，$R_2 = 4\,\Omega$，$R_3 = 2\,\Omega$ である。

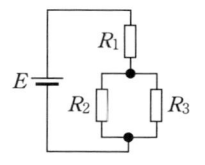

(1) 3 V　(2) 5 V　(3) 7 V　(4) 9 V　(5) 11 V

【PM 48】 図の回路のスイッチを入れてから十分に時間が経過したとき，コンデンサの両端の電圧に最も近いのはどれか。

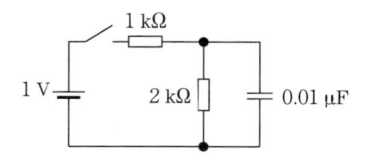

(1) 0.20 V　(2) 0.33 V　(3) 0.50 V　(4) 0.67 V　(5) 1.0 V

【PM 49】 図のような抵抗とコンデンサの直列回路に，実効値 100 V, 50 Hz の交流電源を接続した。抵抗とコンデンサのインピーダンスがそれぞれ 100 Ω の場合，回路に流れる電流の実効値に最も近いのはどれか。

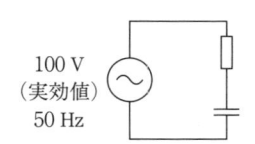

(1) 0.5 A　(2) 0.7 A　(3) 1.0 A　(4) 1.4 A　(5) 2.0 A

【PM 50】 図の回路で正しいのはどれか。

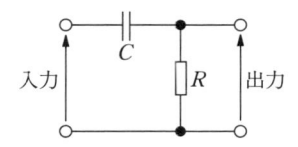

(1) 時定数は $\dfrac{1}{CR}$ である
(2) 低域（通過）フィルタとして動作する。

（3） 入力電圧の周波数が0に近づくと入力電圧と出力電圧の位相差は0に近づく。
（4） コンデンサに流れる電流は入力電圧より位相が遅れる。
（5） 遮断周波数では出力電圧の振幅は入力電圧の振幅の$\dfrac{1}{\sqrt{2}}$である

【PM 51】 ダイオードについて正しいのはどれか。
　a．カソードにアノードより高い電圧を加えると電流は順方向に流れる。
　b．逆方向抵抗は順方向抵抗より小さい。
　c．逆方向電流が急激に大きくなるときの電圧を降伏電圧という。
　d．ダイオードには整流作用がある。
　e．理想的なダイオードでは順方向抵抗は無限大である。
　（1） ab　　（2） ae　　（3） bc　　（4） cd　　（5） de

【PM 59】 $j(1-j)$ の偏角〔rad〕はどれか。ただし，jは虚数単位である。
　（1） π　（2） $\pi/2$　（3） $\pi/4$　（4） 0　（5） $-\pi/4$

第23回（2010年）

【AM 46】 真空中において図のように一直線上にABCの3点がある。A点とC点に+1C，B点に-1Cの電荷があるとき誤っているのはどれか。ただしAB間の距離はBC間の距離の2倍である。

　　　　　●　　　●　●
　　　　　A　　　B　C

（1） Aの電荷に働く力の方向はAからBに向かう方向である。
（2） Bの電荷に働く力の方向はBからCに向かう方向である。
（3） Cの電荷に働く力の方向はCからBに向かう方向である。
（4） Aの電荷に働く力の大きさはBの電荷に働く力より大きい。
（5） Bの電荷に働く力の大きさはCの電荷に働く力より小さい。

【AM 47】 平行平板コンデンサの極板面積を3倍，極板間距離を1/3にしたとき，コンデンサの静電容量は何倍になるか。
　（1） 1/9　　（2） 1/3　　（3） 1　　（4） 3　　（5） 9

【AM 48】 図の回路においてAB間の電位差は何Vか。

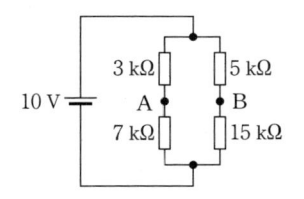

(1) 0 (2) 0.5 (3) 1.0 (4) 1.5 (5) 2.0

【AM 49】 図のブリッジ回路において平衡条件は満たされており端子 CD 間に電流は流れない。端子 AB 間の合成抵抗は何 Ω か。

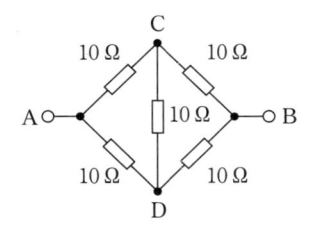

(1) 5 (2) 10 (3) 20 (4) 30 (5) 40

【AM 50】 図の回路でスイッチを入れた直後に流れる電流はどれか。ただしスイッチを入れる直前にコンデンサに電荷は蓄えられていないものとする。

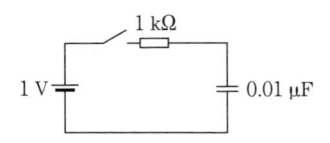

(1) 0 A (2) 1 μA (3) 1 mA (4) 5 mA (5) 10 mA

【AM 51】 共振周波数が f である RLC 直列回路がある。C を求める関係式はどれか。

(1) $\dfrac{1}{2\pi fL}$ (2) $\dfrac{1}{4\pi fL}$ (3) $\dfrac{L}{2\pi f}$ (4) $\dfrac{L}{4\pi f^2}$ (5) $\dfrac{1}{4\pi^2 f^2 L}$

【AM 52】 図の回路の変圧器の1次側に1Aの正弦波電流を流すと2次側抵抗の両端に10Vの電圧が生じた。1次側コイルの巻数が100回であるとき2次側コイルの巻数は何回か。ただし変圧器は理想変圧器とする。

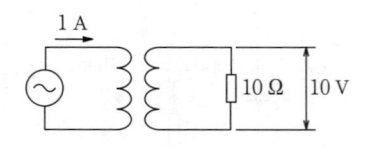

(1) 1　(2) 10　(3) 100　(4) 1 000　(5) 10 000

【AM 55】 図の回路の機能はどれか。

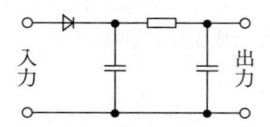

(1) 入力信号の電圧を増幅する。　(2) 入力信号の電力を増幅する。
(3) 搬送波を振幅変調する。　(4) 交流電圧を整流する。
(5) 特定周波数の正弦波を発生する。

【PM 46】 正しいのはどれか。
(1) 電荷間に働く力の大きさは電荷間の距離に比例する。
(2) 一様な電界中の電荷に働く力の大きさは電界の強さに反比例する。
(3) 一様な電界中の電荷に働く力の方向は電界の方向に直交する。
(4) 一様な磁界中の線電流に働く力の大きさは磁束密度に比例する。
(5) 同方向に流れる平行な線電流の間に働く力は斥力である。

【PM 47】 長さ1 km, 半径1 mm, 抵抗率 2×10^{-8} Ω·m の金属線がある。この金属線の電気抵抗〔Ω〕に最も近いのはどれか。
(1) 1.6　(2) 3.2　(3) 6.4　(4) 13　(5) 25

【PM 48】 図の RC 並列回路のインピーダンスの大きさはどれか。ただし ω は角周波数である。

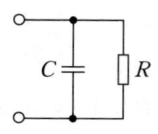

(1) $\dfrac{R}{\sqrt{1+\omega^2 C^2 R^2}}$　(2) $R\sqrt{1+\omega^2 C^2 R^2}$

(3) $\dfrac{1}{\omega C\sqrt{1+\omega^2 C^2 R^2}}$ (4) $\dfrac{\sqrt{1+\omega^2 C^2 R^2}}{\omega C}$ (5) $\dfrac{R}{\omega C}\sqrt{1+\omega^2 C^2 R^2}$

【PM 49】 図の回路で電源電圧は最大値 141 V の正弦波交流である。1 kΩ の抵抗で消費される電力〔W〕はどれか。

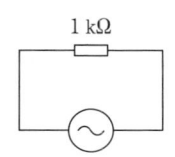

(1) 7   (2) 10   (3) 14   (4) 200   (5) 282

【PM 51】 図1の電圧 V_i を入力したときに図2の電圧 V_o を出力する回路はどれか。ただしダイオードは理想ダイオードとする。

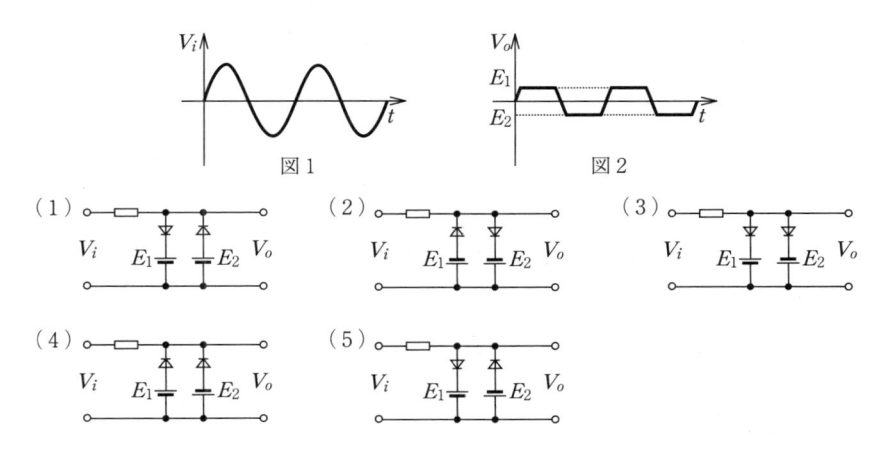

図1   図2

【PM 62】 $1/(1-j)$ の絶対値に最も近いのはどれか。ただし j は虚数単位である。
(1) 0.2   (2) 0.6   (3) 1.0   (4) 1.6   (5) 2.0

第24回（2011年）

【AM 46】 初速0の電子が1Vの電位差を有する2点間を移動したとき，移動後の速さの値〔m/s〕に最も近いのはどれか。ただし，電子の質量は 9.1×10^{-31} kg，電荷量は 1.6×10^{-19} C とし，電子が電界から得るエネルギーは全て運動エネルギーに変わるものとする。
(1) 9.1×10^5 (2) 5.9×10^5 (3) 1.6×10^5

(4) 9.1×10^4 (5) 1.6×10^4

【AM 47】 図Aのコイルに図Bのような電流 $i(t)$ を流したとき，コイルの電圧 $v(t)$ はどれか。

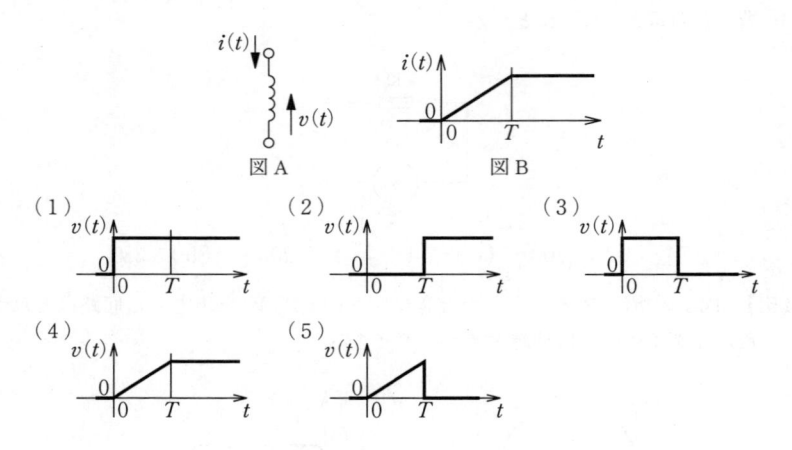

図A

図B

(1) (2) (3) (4) (5)

【AM 49】 図の回路で電圧計は1.0V，電流計は20mAを示した。抵抗値 R 〔Ω〕はどれか。ただし，電流計の内部抵抗は2.0Ωする。

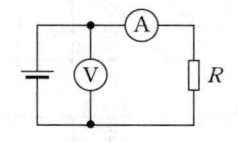

(1) 45　(2) 48　(3) 50　(4) 52　(5) 55

【AM 50】 図の回路のインピーダンス $|z|$ の周波数特性はどれか。ただし，ω は角周波数とし，周波数特性の横軸は対数目盛とする。

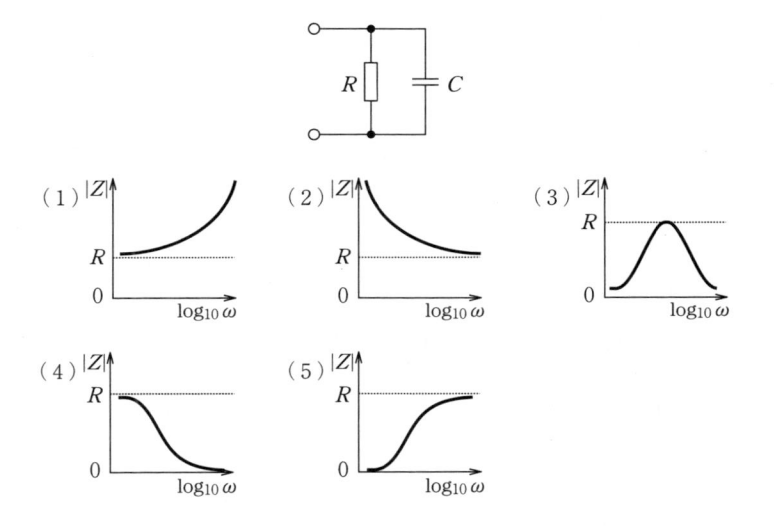

(1) |Z| グラフ：Rから増加
(2) |Z| グラフ：Rから減少
(3) |Z| グラフ：Rをピークとする山型
(4) |Z| グラフ：Rから減少（S字）
(5) |Z| グラフ：0からRへ増加（S字）

【AM 51】 受電端に1 kWの電力を送るとき，受電端での電圧が100 V，1 kVの場合に送電線で消費される電力をそれぞれP_a，P_bとする。P_aはP_bの何倍か。
(1) 100　　(2) 10　　(3) 1　　(4) 1/10　　(5) 1/100

【AM 56】 図の回路のa，bに0Vまたは5Vを入力したときのcの出力を表すのはどれか。ただし，ダイオードは理想ダイオードとし，表中の数字は電圧〔V〕を示している。

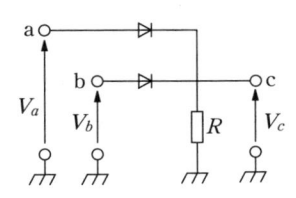

(1)

V_a	V_b	V_c
0	0	0
0	5	0
5	0	0
5	5	5

(2)

V_a	V_b	V_c
0	0	5
0	5	0
5	0	0
5	5	0

(3)

V_a	V_b	V_c
0	0	0
0	5	5
5	0	5
5	5	0

(4)

V_a	V_b	V_c
0	0	0
0	5	5
5	0	5
5	5	5

(5)

V_a	V_b	V_c
0	0	5
0	5	0
5	0	0
5	5	5

【PM 46】 図の回路において静電容量 $1\,\mu\mathrm{F}$ のコンデンサに蓄積される電荷量 $Q\,[\mu\mathrm{C}]$ はどれか。

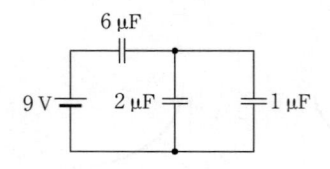

(1) 1 　(2) 3 　(3) 6 　(4) 12 　(5) 18

【PM 47】 抵抗値 $10\,\mathrm{k\Omega}$，最大電力 $1\,\mathrm{W}$ の抵抗素子に印加することが許容される電圧〔V〕の最大値はどれか。

(1) 1 000 　(2) 100 　(3) 10 　(4) 1 　(5) 0.1

【PM 48】 図の回路において，端子 a–b 間の合成抵抗はどれか。

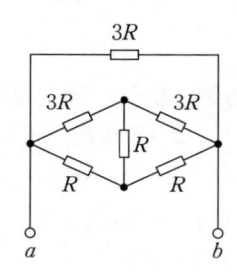

(1) $6R$ 　(2) $3R$ 　(3) $2R$ 　(4) R 　(5) $R/2$

【PM 49】 静電容量 $10\,\mu\mathrm{F}$ のコンデンサ C を $100\,\mathrm{V}$ で充電し，$50\,\mathrm{k\Omega}$ の抵抗 R とスイッチ S とともに図のような回路を構成した。スイッチ S を閉じてから 0.5 秒後に抵抗 R の両端にかかる電圧〔V〕に最も近いのはどれか。ただし，自然対数の底 e を 2.7 とする。

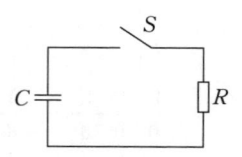

(1) 63 　(2) 50 　(3) 37 　(4) 18 　(5) 0

【PM 50】 図の変圧器の一次側電源 E に流れる電流 I と同じ大きさの電流が流れる回路はどれか。ただし，巻数比は 1：2 とする。

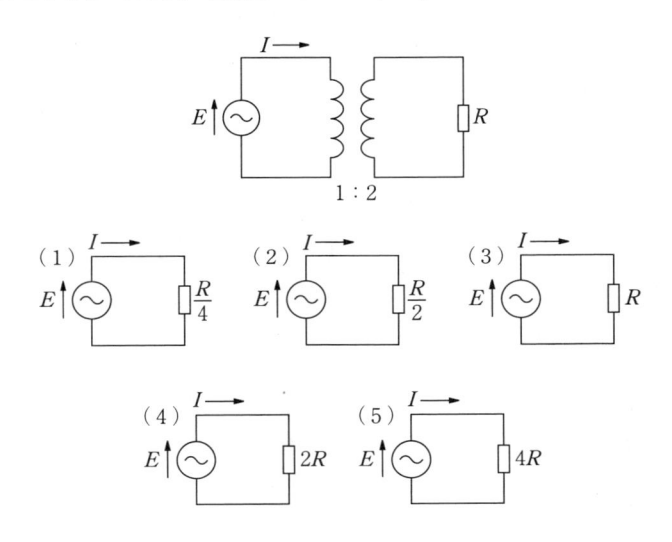

【PM 51】 図のように 3 V の電池を用いて，LED を順方向電圧 2 V，順方向電流 20 mA で発光させる場合，抵抗 R〔Ω〕はどれか。

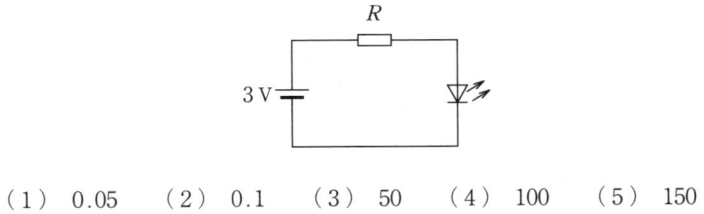

(1) 0.05 (2) 0.1 (3) 50 (4) 100 (5) 150

【PM 52】 図 A の電池の等価回路における端子電圧 V と電流 I の関係を図 B に示す。電池の内部抵抗 r〔Ω〕はどれか。

図A　　　　図B

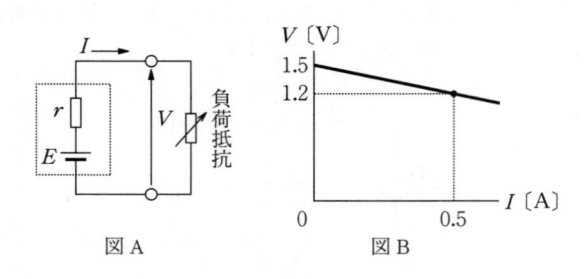

（1）0.3　（2）0.6　（3）1.2　（4）2.4　（5）3.0

【PM 62】複素数 $\sqrt{3}+j$ の偏角〔rad〕はどれか。ただし，j は虚数単位である。
（1）$\pi/6$　（2）$\pi/5$　（3）$\pi/4$　（4）$\pi/3$　（5）$\pi/2$

第25回（2012年）

【AM 45】真空中に正電荷で帯電した半径 r の球形導体がある。電界強度が最も大きい部分はどれか。
（1）導体の中心点　　　（2）導体の中心から $0.5r$ 離れた位置
（3）導体表面近傍で導体内の位置　（4）導体表面近傍で導体外の位置
（5）導体中心から $2r$ 離れた位置

【AM 46】真空中で10 μCと20 μCの点電荷が0.5 m離れている。この電荷間に働く力〔N〕はどれか。ただし $1/4\pi\varepsilon_0 = 9\times 10^9\,\mathrm{N\cdot m^2\cdot C^{-2}}$ とする。
（1）0.45　（2）0.90　（3）3.6　（4）7.2　（5）36

【AM 47】1.5 Vで充電した5 μFのキャパシタに蓄えられたエネルギーでモーターを回したら5回転して止まった。同じキャパシタを6 Vで充電して同じモーターを回したら何回転するか。ただし，1回転するために必要なエネルギーは常に同じとする。
（1）5　（2）10　（3）20　（4）40　（5）80

【AM 48】起電力1.5 V，内部抵抗1.0 Ωの電池を5個並列に接続した電源に1.0 Ωの負荷抵抗をつないだとき，負荷抵抗に流れる電流値〔A〕はどれか。
（1）0.50　（2）0.75　（3）1.00　（4）1.25　（5）1.50

【AM 49】図の回路の合成キャパシタンス〔μF〕に最も近いのはどれか。

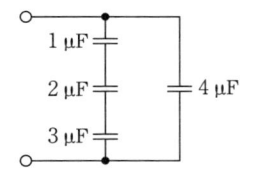

（1）0.42　（2）0.52　（3）2.4　（4）4.5　（5）10

【AM 52】 図Aの回路における端子電圧 V と電流 I の関係を図Bに示す．この電池に2.5Ωの負荷抵抗を接続したとき，電流 I 〔A〕はどれか．ただし，図Aの点線内は電池の等価回路である．

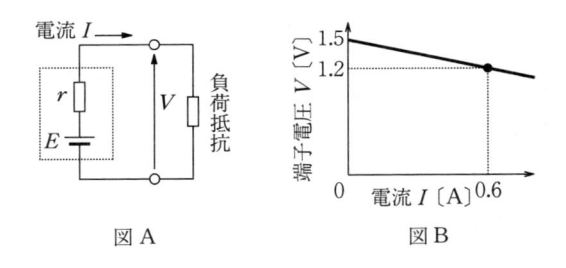

（1）0.3　（2）0.4　（3）0.5　（4）0.6　（5）0.7

【PM 47】 断面積 S 〔m^2〕，長さ d 〔m〕，導電率 σ 〔S/m〕の導体に電流密度 J 〔A/m^2〕の電流が流れているとき，導体の電圧降下〔V〕はどれか．
（1）Jd/σ　（2）$Jd\sigma$　（3）$Jd/\sigma S$　（4）$J\sigma S/d$　（5）JSd/σ

【PM 49】 図の回路のインピーダンスの大きさはどれか．ただし，ω は角周波数とする．

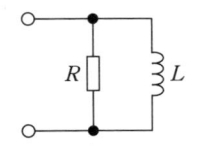

（1）$\sqrt{R^2+\omega^2L^2}$　（2）$\dfrac{\omega RL}{R+\omega L}$　（3）$\dfrac{\omega RL}{\sqrt{R^2+\omega^2L^2}}$
（4）$\dfrac{R}{\sqrt{R^2+\omega^2L^2}}$　（5）$\dfrac{\omega L}{\sqrt{R^2+\omega^2L^2}}$

【PM 50】 図の回路について正しいのはどれか。
　　　a. 低域通過特性を示す。
　　　b. 微分回路に用いられる。
　　　c. 時定数は 10 ms である。
　　　d. 出力波形の位相は入力波形より進む。
　　　e. 遮断周波数は約 50 Hz である。
　　（1） abc　（2） abe　（3） ade　（4） bcd　（5） cde

【PM 51】 図の直列共振回路の Q（電圧拡大率）に最も近いのはどれか。

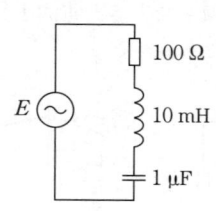

（1） 0.7　（2） 1.0　（3） 1.4　（4） 2.0　（5） 2.8

【PM 52】 図の変圧器の一次側電流 I が 2 A のとき,電圧 E〔V〕はどれか。ただし,変圧器の巻数比は 2:1 とする。

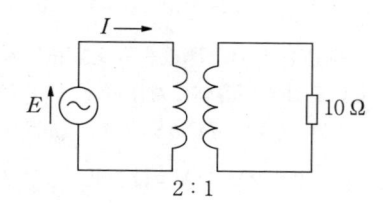

（1） 10　（2） 20　（3） 40　（4） 80　（5） 160

【PM 53】 図の回路の出力電圧 V〔V〕はどれか。ただし,ダイオードは理想ダイオードとする。

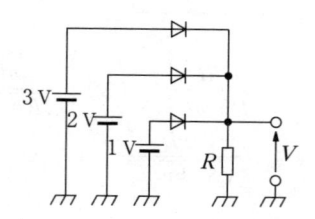

（1） 1　　（2） 2　　（3） 3　　（4） 5　　（5） 6

【PM 57】 図の回路は，被変調波が入力されると信号波を出力する復調回路として働く。この回路を利用する変調方式はどれか。ただし，ダイオードは理想ダイオードとする。

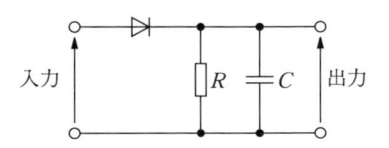

（1） 振幅変調（AM）　　（2） 周波数変調（FM）　　（3） 位相変調（PM）
（4） パルス符号変調（PCM）　　（5） パルス位置変調（PPM）

第26回（2013年）

【AM 45】 6 cm 離れた2点 A，B にそれぞれ Q [C]，$4Q$ [C] の正の点電荷がある。3個目の点電荷を線分 AB 上に置くとき，これに働く力がつりあう A からの距離 [cm] はどれか。
（1） 1.0　　（2） 1.2　　（3） 1.5　　（4） 2.0　　（5） 5.0

【AM 46】 巻数20回のコイルを貫く磁束数が3秒間に0.5 Wb から2 Wb まで一定の割合で変化した。コイルに発生する電圧 [V] はどれか。
（1） 8.3　　（2） 10　　（3） 40　　（4） 75　　（5） 90

【AM 47】 R [Ω] の抵抗12個を図のように上下左右対称に接続したとき，ab 間の合成抵抗は R の何倍か。

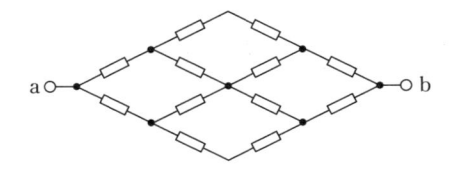

（1） 0.5　　（2） 1　　（3） 1.5　　（4） 2　　（5） 3

【AM 48】 最大目盛10 V の電圧計に32 kΩ の倍率器を直列接続すると測定可能な最大電圧が50 V になった。この電圧計の内部抵抗 [kΩ] はどれか。
（1） 1.6　　（2） 4.0　　（3） 6.4　　（4） 8.0　　（5） 16

【AM 49】 図に示す回路の時定数〔s〕はどれか。

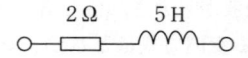

2Ω 5H

(1) 0.40 (2) 2.5 (3) 5.0 (4) 7.0 (5) 10

【AM 53】 図に示すような波形の入力電圧 v_i が加えられたとき，出力電圧 v_o の波形を出力する回路はどれか。ただし，ダイオードは理想ダイオードとする。

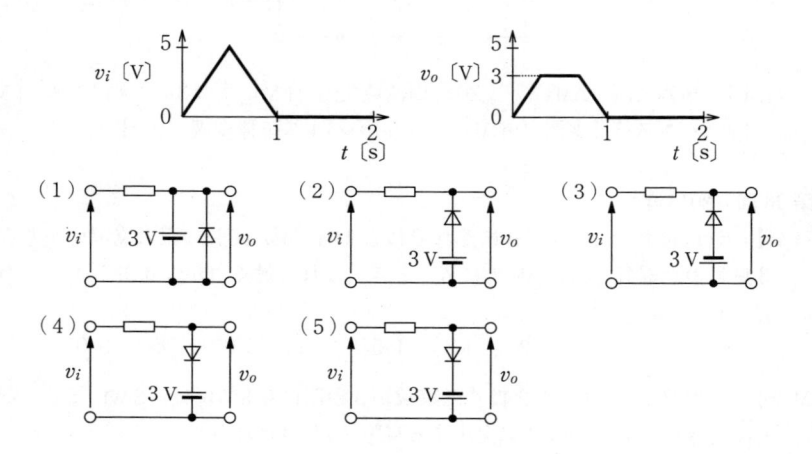

【AM 54】 図の回路で V_a が 5 V，V_b が 3 V のとき，V_c 〔V〕はどれか。ただし，ダイオードは理想ダイオードとする。

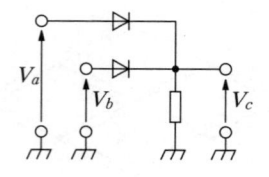

(1) -2 (2) 2 (3) 3 (4) 5 (5) 8

【PM 47】 10 μF のコンデンサに 0.01 C の電荷を充電したときに蓄えられるエネルギー〔J〕はどれか。

(1) 0.005 (2) 0.01 (3) 5 (4) 10 (5) 50

【PM 49】 起電力 1.5 V，内部抵抗 0.5 Ω の直流電圧源に図のような負荷を接続する

とき，負荷電流 I の増加に対する端子電圧 V の変化はどれか。

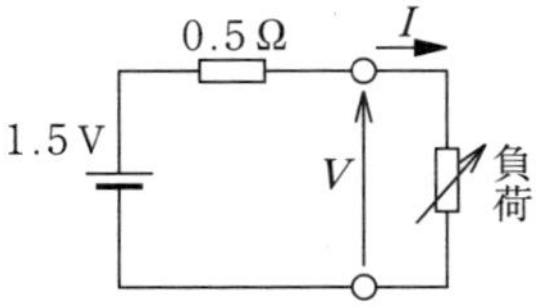

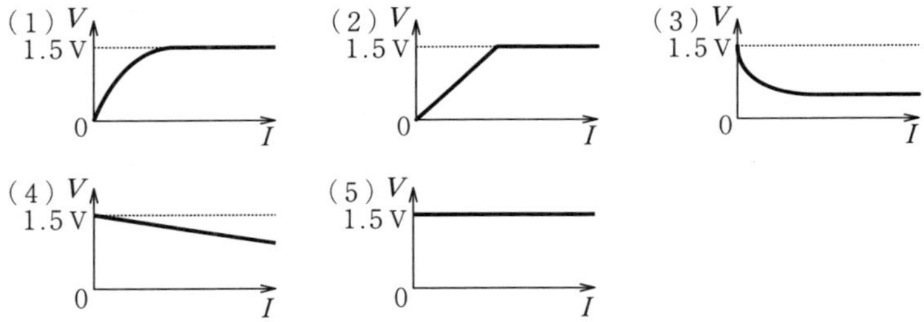

【PM 50】　図の回路で R を調整して検流計 G の振れがゼロになったとき，ab 間の電圧〔V〕はどれか。

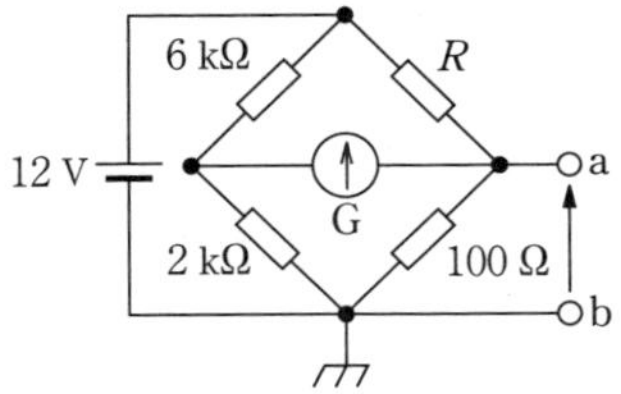

（1）　1　　（2）　2　　（3）　3　　（4）　6　　（5）　9

【PM 51】　RLC 直列回路において共振時の電気インピーダンスの大きさはどれか。ただし，ω は角周波数とする。

（1）　R　（2）　$\dfrac{1}{\omega C}$　（3）　$\omega L+\dfrac{1}{\omega C}$　（4）　$R^2+(\omega L)^2$　（5）　$\sqrt{\dfrac{L}{C}}$

【PM 53】　図のツェナーダイオード（ツェナー電圧 3 V）を用いた回路で抵抗 R に流れる電流 I〔mA〕はどれか。

$R = 20\,\Omega$

$V = 5\,\text{V}$, I

ツェナーダイオード
(ツェナー電圧 3 V)

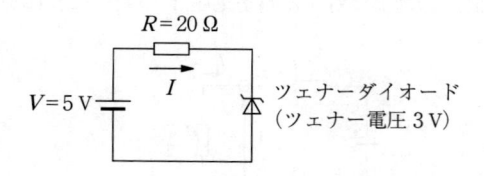

(1) 0　　(2) 100　　(3) 150　　(4) 250　　(5) 400

B.2 解 答・解 説
第19回 (2006年)
【PM 01】 (2)

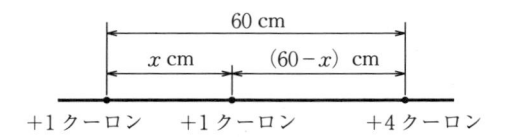

```
         |←――― 60 cm ―――→|
         |← x cm →|←(60−x) cm→|
    ―――――●―――――――●―――――――――●―――――
       +1クーロン  +1クーロン    +4クーロン
```

$$F = \frac{1}{4\pi\varepsilon}\frac{Q_1 Q_2}{r^2}$$

を使う。左端から x [cm] の位置に 1 C の電荷を置くとする。このとき左の 1 C から受ける力は

$$\frac{1}{4\pi\varepsilon}\frac{1\times 1}{x^2}$$

で右向き。右の 4 C から受ける力は

$$\frac{1}{4\pi\varepsilon}\frac{1\times 4}{(60-x)^2}$$

で左向き。これを等しいと置いて $x=20$, -60 を得るが、本問では $0 \leq x \leq 60$ であるから $x=20$ である。

　実はもっと簡単に答が出せる。力は電荷に比例して増え、距離の二乗にしたがって弱まる。電荷は 4 倍の差がある。これを相殺するには距離に 2 倍の差をつければよい。したがって B が答だとわかる。

　どちらにしても C, D, E は論外。これらの場所では明らかに右の 4 C から受ける力が大きい。カンで選ぶにしても A, B の二択にしたい。

【PM 02】 (4)

$$E = N\frac{\Delta\phi}{\Delta t}$$

E は起電力 [V], N はコイルの巻き数, $\Delta\phi$ と Δt は Δt 秒間に磁束が $\Delta\phi$ [Wb] だけ変化した、という意味。本問では $N=10$, $\Delta\phi=0.1-0.5=-0.4$ Wb, $\Delta t=0.5$。これを代入すると $E=-8$ V。

【PM 03】 (4)

　例題 3.11 参照。

【PM 04】（1）

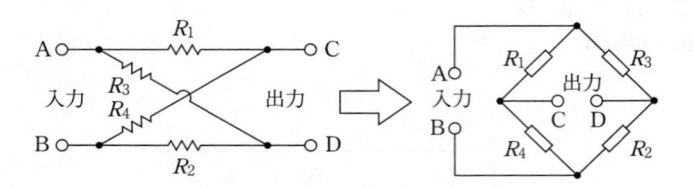

ホイートストンブリッジの問題。対角上にある抵抗のかけ算が等しいときに出力が0になる。では対角上にある抵抗とは？ 回路をうまく描き直せるかが鍵。回路の描き直しは慣れが必要だが簡単なヒントを書いておこう。R_1は AC，R_2はBD，R_3はAD，R_4はBCにつながっている。

【PM 05】（3）

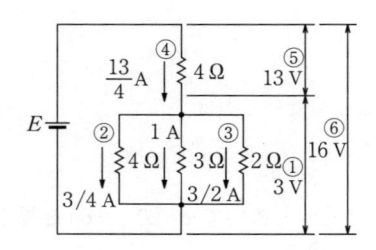

① 3Ωで1Aなので，電圧は3V。
② 3Vで4Ωなので電流は$3/4$A。
③ 3Vで2Ωなので電流は$3/2$A。
④ ここを流れる電流は②$+1+$③$=13/4$A。
⑤ 4Ωに$13/4$Aなので，電圧は13V。
⑥ 電源電圧は①$+$⑤$=16$V。

【PM 06】（1）

コンデンサの場合は，電流は電圧より$\pi/2$位相が進む。コイルとコンデンサにおける電流・電圧の位相関係はそのまま覚えてしまうのがよいが，数学の得意な読者のために本文ではあまり述べなかった数式での説明をしておこう。（複素）電圧をE，（複素）電流をI，インピーダンスをZとすると$I=E/Z$。コイルなので

$$Z = j\omega L = \omega L e^{j\frac{\pi}{2}}$$

であるから

$$I = \frac{E}{Z} = \frac{E}{\omega L e^{j\frac{\pi}{2}}} = \frac{E}{\omega L} e^{-j\frac{\pi}{2}}$$

となって，電流の大きさは $E/\omega L$，電流の位相は電圧より $\pi/2$ 遅れることがわかる。

【PM 07】（2）

RLC 直列回路の共振周波数は

$$f = \frac{1}{2\pi}\sqrt{\frac{1}{LC}}$$

である。C，L ともに10倍にすると $1/LC$ は $1/100$，ルートがかかっているので $1/10$ になる。

【PM 08】（1）

リアクタンスとは交流回路のインピーダンスの虚数部分のこと。抵抗とコイルの直列回路なのでインピーダンスは $R+j\omega L$。本問では $R=4$，$\omega L=X$ である。方針は，① 回路を流れる電流を計算，② 抵抗にかかる電圧を計算，③ 抵抗の消費電力を計算し400に等しいとおいて ωL を求める。

① 電圧は50 V，インピーダンスは $4+j\omega L$ なので，電流は $50/(4+j\omega L)$ であるが，本問では位相は関係ないのでインピーダンスの大きさだけで話を進めてよい。$|4+j\omega L|=\sqrt{4^2+(\omega L)^2}$ であるから電流は

$$\frac{50}{\sqrt{4^2+(\omega L)^2}} \text{〔A〕}$$

である。

② $50/\sqrt{4^2+(\omega L)^2}$〔A〕が $4\,\Omega$ の抵抗を流れているので抵抗にかかる電圧は

$$\frac{50\times 4}{\sqrt{4^2+(\omega L)^2}} \text{〔V〕}$$

である。

③ 電力は

$$\frac{50}{\sqrt{4^2+(\omega L)^2}} \times \frac{50\times 4}{\sqrt{4^2+(\omega L)^2}} = \frac{50^2\times 4}{4^2+(\omega L)^2} \text{〔W〕}$$

でこれを400に等しいとおくと $\omega L=3$ を得る。

【PM 09】（2）

80 μF と 40 μF が並列になっており，この部分の合成静電容量は $80+40=120$ μF。これと60 μF，120 μF が直列になっているので全体の合成静電容量は

$$\frac{1}{\dfrac{1}{60}+\dfrac{1}{120}+\dfrac{1}{120}}=30\ \mu\mathrm{F}$$

となる。

【PM 10】 （5）

　　SI接頭辞(せっとうじ)の問題。

　　大きいほうからT（テラ，10^{12}），G（ギガ，10^{9}），M（メガ，10^{6}），k（キロ，10^{3}），m（ミリ，10^{-3}），μ（マイクロ，10^{-6}），n（ナノ，10^{-9}），p（ピコ，10^{-12}）。これ以上や以下は覚えなくてもよいだろう。またh（ヘクト，10^{2}）はhPa，d（デシ，10^{-1}）はdBやdl，c（センチ，10^{-2}）はcmでおもに使われる。

【PM 11】 （3）

$$\frac{1}{j}=\frac{j\times 1}{j\times j}=\frac{j}{-1}=-j$$

（1） j　（2） $-j^{2}=1$　（3） $j^{3}=-j$　（4） $-j^{4}=-1$　（5） $j^{5}=j$

【PM 12】 （2）

　　微分回路である。①では瞬間的に電圧が立ち上がり出力は入力と同じ5Vの電圧が出る。その後過渡現象で電圧が下がり②では瞬間的に5V分出力電圧が落ちる。ただし時定数は $CR=(10\times 10^{-6})\times(100\times 10^{3})=1$ なので①の1秒後には5〔V〕の37％（1.85 V）になっている。つまり出力は下図のようになるわけだが，それはダイオードが入っていない場合の話。

　　問題図ではダイオードが入っている。①ではダイオードにとって逆電圧なの

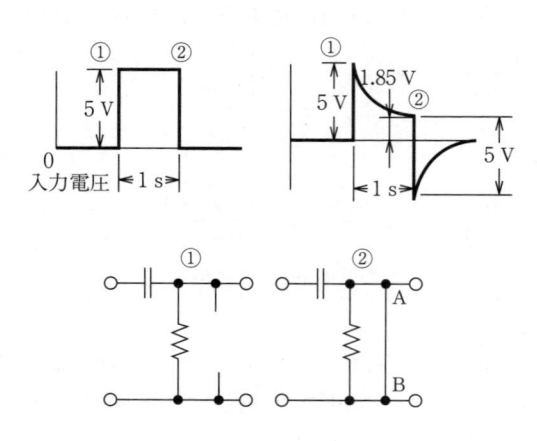

でダイオードは断線と同じ。つまり普通の微分回路であり出力が出る。②ではダイオードにとって順電圧なのでダイオードは電線と同じ。AB部分は同電圧でBは0VなのでAも0V。つまり出力は0V。

【PM 13】（5）

ダイオードを用いた全波整流回路。本文で説明した下図のとおりの回路である。

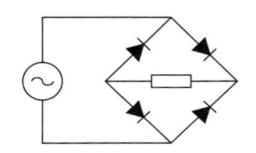

【PM 15】（2）

遮断周波数は $f_0 = 1/2\pi CR$。時定数 CR は $100\,\mu s$。これを代入すると $f_0 = 1\,591\,Hz$。

【PM 19】（1）

例題2.14参照。

第20回（2007年）

【PM 01】（1）

例題3.4参照。

【PM 02】（3）

例題3.7参照。

【PM 03】（2）

内部抵抗が R で開放電圧が3.6Vの電池というのは図（a）のようなもの。点線の部分が電池。これに15Ωの抵抗を接続すると図（b）のようになる。

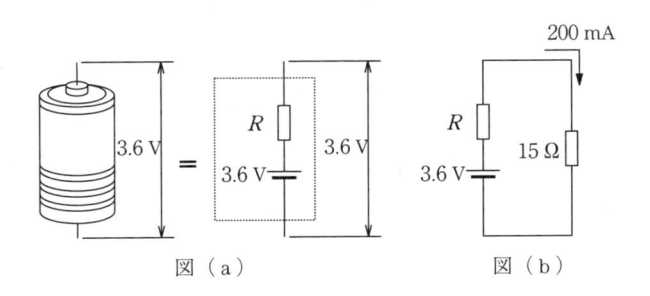

図（a）　　図（b）

合成抵抗は $R+15$〔Ω〕。3.6 V で 200 mA が流れるのだから抵抗は $3.6/0.2=18$ Ω。これを合成抵抗 $R+15$〔Ω〕と等しいと置いて $R=3$ Ω。

【PM 04】 （解なし）

　　　例題 3.19 参照。

【PM 05】 （1）

　　　例題 3.8 参照。

【PM 06】 （4）

　　　抵抗 2 Ω での消費電力が 2 W であることから，この抵抗にかかっている電圧がわかる。電力は EI であるが $E=IR$ つまり $I=E/R$ であるから $EI=E^2/R$ となる。$R=2$ Ω とすると $E^2/2=2$ W となるので $E=2$ V となる。問題の回路の並列部分をまとめると右図のようになるので，①$=2$ V ということである。2 V で $4/3$ Ω なので電流②は $2/(4/3)=1.5$ A。すると③の電圧は $2\times 1.5=3$ V。電源電圧は①$+$③$=2+3=5$ V。

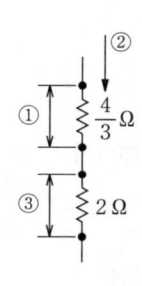

【PM 07】 （1）

　　　「抵抗とコンデンサ」ならコンデンサを出力として積分回路，抵抗を出力として微分回路となり，時定数は CR である。「抵抗とコイル」ではちょうど逆でコイルを出力として微分回路，抵抗を出力として積分回路となり，時定数は L/R である。本問は微分回路で，時定数は 1 μs である。微分回路の動作については第 19 回（2006 年）【PM 12】の解説も参照のこと。

【PM 08】 （4）

　　　第 19 回（2006 年）【PM 08】にも似たような問題が出題されている。本問では $X=1/\omega C$。電圧が 10 V で電流が 2 A なのでインピーダンスは 5 Ω。回路の合成インピーダンス Z は $Z=3+1/j\omega C$ で，これの大きさ $|Z|=|3+1/j\omega C|=5$ ということである。図で示せば右のようになる。

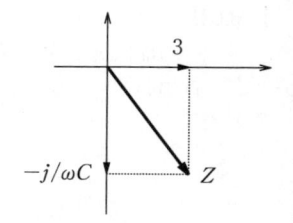

$$\left|3+\frac{1}{j\omega C}\right|=\sqrt{3^2+\left(\frac{1}{\omega C}\right)^2}=5$$

これを解いて $1/\omega C=4$ を得る。

【PM 09】 （2）

コンデンサに矢印が入っている記号は，容量を変えられますよ（可変コンデンサ）という意味。RLC 直列回路のインピーダンス Z は

$$Z = R + j\left(\omega L - \frac{1}{\omega C}\right)$$

で，その大きさは

$$|Z| = \sqrt{R^2 + \left(\omega L - \frac{1}{\omega C}\right)^2}$$

である。ω は角周波数であるが本問ではただの周波数 f で与えられているので $\omega = 2\pi f$ を使い

$$|Z| = \sqrt{R^2 + \left(2\pi f L - \frac{1}{2\pi f C}\right)^2}$$

である。

回路に流れる電流が最大になるにはインピーダンスが最小になればよい。ルートがついているので計算が難しそうであるが，$|Z|$ が最小になるにはルートの中身が最小になればよい。そのためには

$$\left(2\pi f L - \frac{1}{2\pi f C}\right)^2$$

が 0 になってくれればよく，その条件は

$$2\pi f L = \frac{1}{2\pi f C}$$

である。ここから C を求めると（2）を得る。

回路に流れる電流が最大になるのは回路が共振しているときで，共振周波数

$$f = \frac{1}{2\pi}\sqrt{\frac{1}{LC}}$$

から C を出しても同じである。

【PM 10】 （2）

問題文には書いていないが変圧器は理想的であるとして考えよう。一次側，二次側の電流をそれぞれ I_1, I_2, 巻数比を $N_1 : N_2$ とすると $I_2 = (N_1/N_2) I_1$ である。

【PM 11】 （1）

複素数 $a + bj$ を図示すると図左上のようになる。偏角とは θ のことであり，計算では $\theta = \tan^{-1}(b/a)$ である。本問には関係ないが $a + bj$ の大きさは $\sqrt{a^2 + b^2}$ になる。$\pi/4$〔rad〕= 45°であるから（1）が答になる。（2），（3），（5）の偏角は普通は電卓がないと出せない。

190　付　　　　　録

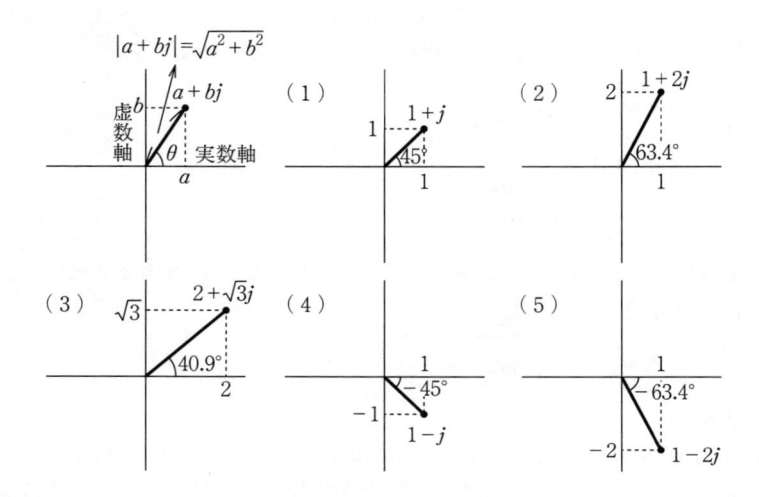

(1) 　(2) 　(3) 　(4) 　(5)

【PM 17】　(5)

　　難しく考える必要はない。(5) 以外は 2 ms ごとに同じ波形を繰り返しており，基本周波数は 500 Hz になる。(5) だけは 4 ms ごとの繰り返しで，基本周波数は 250 Hz である。

　　一般的な繰り返し波形は三角関数の足し合わせで表現できる（フーリエ級数）。その中の最も低い周波数を基本周波数と呼ぶ。(1) は基本周波数波形だけでできているが，それ以外は基本周波数波形＋高調波波形となる。(1)〜(4) を音にすると，全部同じ高さ 500 Hz の音に聞こえるが，音色が違う。同じ "ド" の音でもピアノとフルートでは音色が違うのはこのためである。

第 21 回（2008 年）

【PM 01】　(1)

　　例題 3.2 参照。

【PM 02】　(3)

　　例題 3.12 参照。

【PM 03】　(2)

　　コイルに生じる起電力 E〔V〕は $E = N(d\phi/dt)$ と表される。

　　N はコイルの巻き数で本問では 1，$\phi = \sin \omega t$ とするとその微分は $\omega \cos \omega t$ であるから (2) が答となる。

【PM 04】（5）

例題 3.6 参照。

【PM 05】（5）

　　この作業によって何が変わらないのか。それはコンデンサに蓄えられている電荷の量である。電流 I〔A〕が t 秒流れると $Q=It$ の電荷が移動するが，コンデンサを電源から切りはなすと，電流は流れず，電荷の移動も起こらない。静電容量 C〔F〕のコンデンサに電圧 V〔V〕がかかっているときに蓄えられる電荷量 Q〔C〕は $Q=CV$ であり，最初の段階では $Q=(500\times10^{-12})\times500=250\times10^{-9}$ C となる。容量を減少させた後もコンデンサには同じ電荷が溜まっており $250\times10^{-9}=(200\times10^{-12})\times V$ となるから $V=1\,250$ V である。

　　間違えてコンデンサに蓄えられているエネルギーが変わらないとしてしまうと $V=790$ V という誤った答になってしまう。最初のときより後のほうがコンデンサに蓄えられているエネルギーは増加しており，増加分は容量を減少させるという作業によって与えられる。

【PM 06】（1）

　　導電率 σ，断面積 A〔m^2〕，長さ L〔m〕の物体の抵抗 R〔Ω〕は $R=L/(\sigma A)$ となる。要するに導電率および断面積が大きいと電気を通しやすく（抵抗が小さく），長さが長いと電気を通しにくく（抵抗が大きく）なる。本問では導電率が 1.25 倍，断面積は 4 倍（直径が 2 倍なら面積は 4 倍）になっているわけで式の σA が 5 倍になる。すなわち抵抗 R は $1/5=0.2$ 倍になる。

【PM 07】（5）

　　200 Ω にかかっている電圧は 20 V，同じ電圧が 100 Ω にもかかっており流れる電流は 0.2 A。300 Ω に流れる電流は 100 Ω に流れる電流と 200 Ω に流れる電流の合計で 0.3 A。したがって 300 Ω にかかっている電圧は 90 V。電源電圧は $20+90=110$ V となる。

【PM 08】（5）

　　例題 2.6 参照。

【PM 09】（4）

　　RLC 直列回路に流れる電流の周波数特性は下図のようになる。

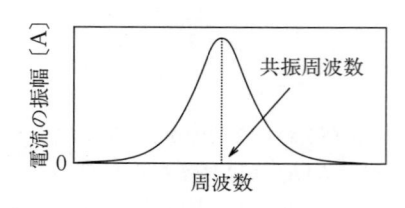

【PM 10】（4）

一次側，二次側の電圧をそれぞれ E_1, E_2, 巻数比を $N_1 : N_2$ とすると $E_2 = (N_2/N_1)E_1$ である。すなわち二次側の電圧は 10 V となり抵抗が 10 Ω であるから流れる電流は 1 A となる。電力は電圧と電流をかければよい。

【PM 11】（1）

42 Ω で 1 A だから電圧は 42 V となり電力は 42 W である。すなわちこのポットは 1 秒間に 42 J のエネルギーを放出するわけで，10 秒間では 420 J となる。比熱が $4.2 \mathrm{J g^{-1} K^{-1}}$ であるとは 1 g の水の温度を 1 ℃（1 K）上昇させるのに 4.2 J 必要という意味。100 g の水なら 420 J で 1 ℃温度が上がる。

【PM 14】（1）

例題 2.12 参照。

【PM 23】（3）

$(1+j)(1-j) = 1 - j + j - j^2 = 1 - (-1) = 2$

第 22 回（2009 年）

【AM 46】（1）

（2）距離に反比例ではなく，距離の二乗に反比例。

$$F = \frac{1}{4\pi\varepsilon} \cdot \frac{Q}{r^2}$$

（3）距離の 2 乗に反比例ではなく，距離に反比例（$V = Q/r$）。
（4）0 V から測った電圧（と考えてよい）。
（5）電荷はスカラー量である。

【AM 47】（3）

ソレノイドとはコイルのこと。磁界の強さは電流を大きくしたり，コイルの巻き数を増やすと増す。単純な比例関係である。またコイル内の磁界の強さ（磁束密度）は一様（どこでも同じ）になる。

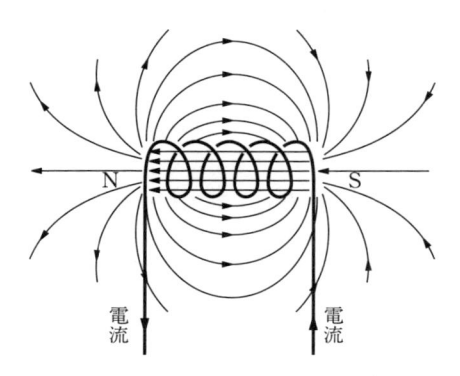

【AM 48】（3）
　　例題 1.7 参照。

【AM 49】（4）
　　商用交流 100 V 電源とはコンセントのこと。この 100 V は実効値で，振幅は $\sqrt{2}$ 倍の約 141 V となる。ここで（2）と答えてはだめ。振幅が 141 V とは $-141 \sim 141$ V で振動しているわけで最大値-最小値間（peak to peak）は約 282 V である。

【AM 50】（4）
　　例題 2.5 参照。

【AM 51】（1）
　　例題 3.17 参照。

【AM 52】（3）
（1）　光があたると電流が流れる。
（2）　電流が流れると光る。
（3）　別名は定電圧ダイオード。
（4）　電圧によって静電容量が変化する。
（5）　電圧が大きくなると電流が少なくなる。

【PM 46】（4）
　　例題 3.11 参照。
　　2 本の導線は引きつけ合う。

【PM 47】（1）

R_1 は $2\,\Omega$ であることがわかっているので，R_1 に流れる電流がわかれば R_1 の電圧もわかる。まず，R_2 の電流 I_2 と電圧 E_2 を求めよう。

① オームの法則から $E_2=I_2R_2$，また問題文より $E_2I_2=1$。ここから $(I_2R_2)I_2=I_2{}^2R_2=1$ で $R_2=4\,\Omega$ だから $I_2=0.5\,\mathrm{A}$ とわかる。

② $E_2=2\,\mathrm{V}$ である。

③ R_3 の電圧 E_3 は E_2 と同じで $2\,\mathrm{V}$ であり，R_3 は $2\,\Omega$ だから流れる電流電流 I_3 は $I_3=1\,\mathrm{A}$ である。

④ R_1 を流れる電流 I_1 は I_2 と I_3 を足したもので，$I_1=1.5\,\mathrm{A}$ である。

⑤ $2\,\Omega$ に $1.5\,\mathrm{A}$ が流れているのでその電圧は $3\,\mathrm{V}$ である。

【PM 48】（4）

「スイッチを入れてから十分に時間が経過した」という記述は過渡現象のことは考えなくてもいいよ，という意味である。直流に対してコンデンサは単なる断線である。つまり，これは $1\,\mathrm{V}$ を $1\,\mathrm{k\Omega}:2\,\mathrm{k\Omega}=1:2$ に分けるだけの問題である。

【PM 49】（2）

RLC 直列回路の簡易版と考えるとよい。本問に位相は関係ないのでインピーダンスの大きさだけを考える。RLC 直列回路の合成インピーダンスの大きさは

$$|Z|=\sqrt{R^2+\left(\omega L-\frac{1}{\omega C}\right)^2}$$

であるが，L がないので

$$|Z|=\sqrt{R^2+\left(\frac{1}{\omega C}\right)^2}$$

である。問題文から $R=100\,\Omega$，$1/\omega C=100\,\Omega$ なので $|Z|=100\sqrt{2}\,\Omega$ となる。電源は $100\,\mathrm{V}$ なので電流は $100/100\sqrt{2}=1/\sqrt{2}=\sqrt{2}/2=0.7\,\mathrm{A}$。

【PM 50】（5）

（1） 時定数は CR である。

（2） 高域（通過）フィルタである。

（3） 位相差が0に近づくのは入力電圧の周波数が増えるとき。
（4） コンデンサに流れる電流（抵抗に流れる電流も同じ）は入力電圧より位相が進む。

【PM 51】（4）
a．逆。カソードとは－極，アノードとは＋極。
b，e．逆方向抵抗は無限大，順方向抵抗は0（実際は違うがそう考えてよい）。
c，d．そのとおり。

【PM 59】（3）
$$j(1-j) = j - j^2 = j - (-1) = 1 + j$$
図示すると右図のようになる。

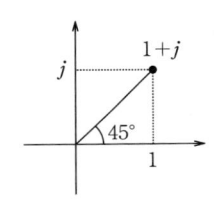

第23回（2010年）

【AM 46】（4）
$$F = \frac{1}{4\pi\varepsilon} \frac{Q_1 Q_2}{r^2}$$

を使ってA，B，Cの電荷に働く力を計算してみよう。右向きに働く力をプラス，左向きに働く力をマイナスとしてみる。

A： B点の－1Cによって右向きに引かれる。その力は
$$F = \frac{1}{4\pi\varepsilon} \cdot \frac{1}{2^2} = \frac{1}{4\pi\varepsilon} \cdot \frac{1}{4}$$

C点の1Cによって左向きに押される。その力は
$$F = -\frac{1}{4\pi\varepsilon} \cdot \frac{1}{3^2} = -\frac{1}{4\pi\varepsilon} \cdot \frac{1}{9}$$

それらが合成されて

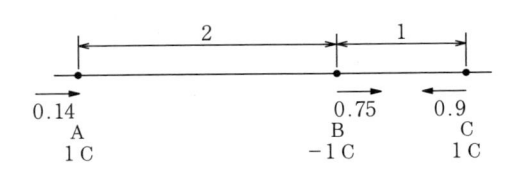

$$\frac{1}{4\pi\varepsilon}\cdot\frac{1}{4}-\frac{1}{4\pi\varepsilon}\cdot\frac{1}{9}=\frac{1}{4\pi\varepsilon}\cdot\frac{5}{36}$$

プラスなので力の向きは右向き。

B： A点の1Cによって左向きに引かれる。その力は

$$F=-\frac{1}{4\pi\varepsilon}\cdot\frac{1}{2^2}=-\frac{1}{4\pi\varepsilon}\cdot\frac{1}{4}$$

C点の1Cによって右向きに引かれる。その力は

$$F=\frac{1}{4\pi\varepsilon}\cdot\frac{1}{1^2}=\frac{1}{4\pi\varepsilon}$$

それらが合成されて

$$-\frac{1}{4\pi\varepsilon}\cdot\frac{1}{4}+\frac{1}{4\pi\varepsilon}=\frac{1}{4\pi\varepsilon}\cdot\frac{3}{4}$$

プラスなので力の向きは右向き。

C： A点の1Cによって右向きに押される。その力は

$$F=\frac{1}{4\pi\varepsilon}\cdot\frac{1}{3^2}=\frac{1}{4\pi\varepsilon}\cdot\frac{1}{9}$$

B点の−1Cによって左向きに引かれる。その力は

$$F=-\frac{1}{4\pi\varepsilon}\cdot\frac{1}{1^2}=-\frac{1}{4\pi\varepsilon}$$

それらが合成されて

$$\frac{1}{4\pi\varepsilon}\cdot\frac{1}{9}-\frac{1}{4\pi\varepsilon}=-\frac{1}{4\pi\varepsilon}\cdot\frac{8}{9}$$

マイナスなので力の向きは左向き。

すべてに $1/4\pi\varepsilon$ がくっついているので，これを省いてまとめてみよう。

（4）が誤りだとわかる。

【AM 47】 （5）

電極板の面積 S〔m²〕，電極板間の距離 d〔m〕，誘電率 ε〔F/m〕のコンデンサの静電容量 C〔F〕は $C=\varepsilon(S/d)$ である。

【AM 48】 （2）

3kΩと7kΩのほうは10Vを3:7に分ける。5kΩと15kΩのほうは10Vを5:15=1:3に分ける。電圧は下図のようになる。

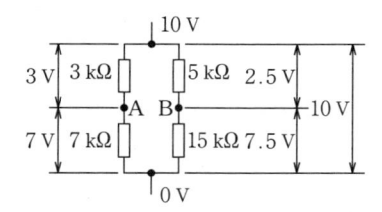

```
          10 V
     ┌─────┴─────┐
3V │3kΩ│ │5kΩ│ 2.5V
    │   A B   │
    ├───●─●───┤  10V
7V │7kΩ│ │15kΩ│ 7.5V
     └─────┬─────┘
          0 V
```

【AM 49】（2）

わざわざ CD 間に電流は流れないといってくれているのは親切。ブリッジの平衡条件は向かい合う抵抗どうしのかけ算が等しいことであり，問題の回路ではそれが満たされているので CD 間に電流は流れないということは，本来なら自分で考察しなければならない。さて，CD 間に電流は流れないので CD 間は断線し

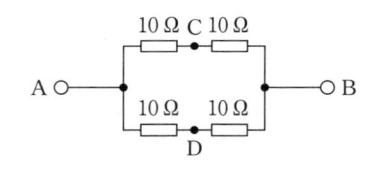

```
        10Ω C 10Ω
      ┌──■──●──■──┐
   A○─┤         ├─○B
      └──■──●──■──┘
        10Ω D 10Ω
```

ているのと同じ。回路は右図のように描き直すことができる。後は抵抗の直列接続と並列接続の考え方で合成抵抗を出すだけである。簡単に書いておくと，10 Ω どうしの直列接続なので 20 Ω。これが並列になっているのだから（20×20）/（20＋20）＝400/40＝10 Ω。

【AM 50】（3）

過渡現象問題。「スイッチを入れる直前にコンデンサに電荷は蓄えられていない」とは，ちゃんと過渡現象が起こりますよ，ということ。コンデンサに電荷が蓄えられている場合は本文で説明した過渡現象の内容にひとひねりが必要になるが，そのような問題は過去に出たことがない。回路を流れる電流は右図のようになる。スイッチを入れた直後の電流は $E/R = 1/1\,000 = 1$ mA である。

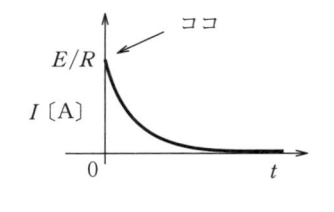

スイッチを入れた瞬間は電圧が瞬間的に立ち上がる。いわば電圧変化の周波数が無限大である。したがって，コンデンサのインピーダンスが 0 になり，コンデンサは単なる電線と化す。

【AM 51】（5）

RLC 直列回路の共振周波数は $f=(1/2\pi)\sqrt{1/LC}$ である。ここから C を求めればよい。

出題の仕方が違っているが，第 20 回（2007 年）【PM 09】にも同じ問題がある。

【AM 52】（3）

1 次側の電圧，電流，巻数を E_1, I_1, N_1，2 次側を E_2, I_2, N_2 としよう。$I_1 = 10$ A, $N_1 = 100$, $E_2 = 10$ V である。まず，問題文から 2 次側の電流が $I_2 = E_2/10 = 1$ A だとわかる。理想変圧器では $I_2 = (N_1/N_2)I_1$ が成り立つのでわかっている値を代入してみると $1 = (100/N_2)\cdot 1$ となって $N_2 = 100$ となる。

【AM 55】（4）

ある意味簡単で，まじめに考えると難しい問題である。
（1）トランス（変圧器）を用いなければ電圧を増幅することはできない。
（2）外部からエネルギーを加えずに電力（エネルギーと考えてよい）を増幅することができれば，エネルギー問題は解決である。
（3），（5）この回路にそんな複雑な機能はない。

というわけで（4）が答なのだが，その理屈はなかなか難しい。

説明しやすいように回路を描き直してみよう。入力に交流電圧電源を用意する。また，簡単のためにコンデンサは $C_1 = C_2$ とする。ダイオードの向きを考えると①のときはダイオードは順方向であり単なる電線になるので回路が生きて，②のときはダイオードが逆方向になり入力と電源が切り離されること

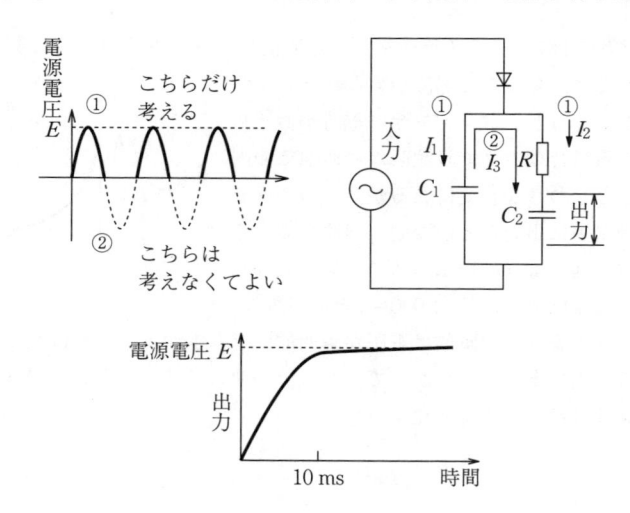

がわかる．さて①のときは回路に電流が流れるのだが，C_1 側はコンデンサだけ，C_2 側はコンデンサ＋抵抗なので C_2 側のほうがインピーダンスが大きくなり，電流は $I_1 > I_2$ となる．そのためコンデンサ C_1 は素早くチャージされる．C_2 は C_1 よりゆっくりだがチャージされ，出力電圧は上昇していく．②になると回路は電源から切り離される．このとき，C_1 の充電量が大きいので，C_1 と C_2 の充電量が同じになるように電流 I_3 が流れる．これにより出力電圧はさらに上昇する．以上が繰り返され，C_1，C_2 が満充電されると出力電圧は電源電圧 E に等しくなり，もう変化しなくなる．そのときは C_1 の両端電圧は電源電圧 E，抵抗の両端電圧は 0 である．出力の上昇する速度は R や C_1，C_2 の値および電源の周波数 f によって変化する．例として $R = 1\,\mathrm{k\Omega}$，$C_1 = C_2 = 1\,\mathrm{\mu F}$，$f = 1\,000\,\mathrm{Hz}$ とすると出力は図のようになる．ともかく入力は交流だったのに出力は（ある程度の時間が経つと）直流になり，これは整流作用だとみなすことができるのである．

【PM 46】（4）

（1），（2） 誤り．

$$F = \frac{1}{4\pi\varepsilon}\frac{Q_1 Q_2}{r^2}$$

を見れば間違いだとわかる．正しくは，(1) 距離の二乗に反比例，(2) 電界の強さに比例，である．

（3） 誤り．電界の方向そのものが電荷に働く力の方向として定義されている．

（4） 正しい．力 F，磁束密度 B，電流 I の関係は $F = BI$ である（ただし磁束密度と電流の向きが直交する場合）．

（5） 誤り．同方向に流れる平行な線電流の間に働く力は引力である．

【PM 47】（3）

抵抗率 $\rho\,[\Omega\cdot\mathrm{m}]$，断面積 $A\,[\mathrm{m}^2]$，長さ $L\,[\mathrm{m}]$ の物体の抵抗 $R\,[\Omega]$ は $R = \rho(L/A)$ となる．

ここに値を代入すればよいが L には 1 000，A には $(0.001)^2\pi$ を代入すること．R は 6.37 Ω となる．

【PM 48】（1）

第 21 回（2008 年）【PM 08】（例題 2.6）と同じ．

【PM 49】（2）

最大値 141 V の正弦波交流の実効値は $141/\sqrt{2} = 100\,\mathrm{V}$．つまりこの電源は

コンセントである。流れる電流の実効値は $100/1\,000 = 0.1\,\text{A}$。電力は $100 \times 0.1 = 10\,\text{W}$。

【PM 51】 （5）

それぞれの回路の出力は下図のようになる（破線は入力電圧）。

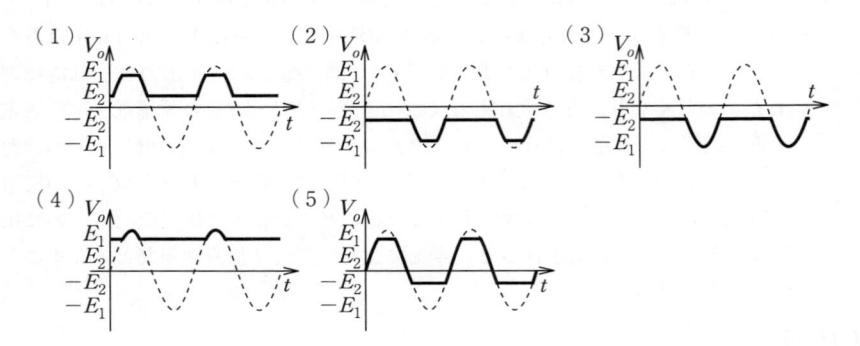

(1) (2) (3)
(4) (5)

【PM 62】 （2）

$$\left|\frac{1}{1-j}\right| = \frac{1}{\sqrt{1^2+1^2}} = \frac{1}{\sqrt{2}} = 0.7$$

第 24 回（2011 年）

【AM 46】 （2）

1 C の電荷が 1 V の電位差中を移動するときのエネルギーが 1 J である。1.6×10^{-19} C の電荷が 1 V の電位差中を移動するときのエネルギーは 1.6×10^{-19} J となる。このエネルギーは電子の運動となるのだが，速度を v とすると運動エネルギーは $mv^2/2$〔J〕である。m に 9.1×10^{-31} を代入し，これを 1.6×10^{-19} と等しいと置いて v を求めればよい。考え方は以上だが，ルートの計算をしなければならず，電卓があれば簡単だが試験ではそういうわけにはいかない。以下に手で計算するコツを示そう。まず，上の説明どおりに式を立てる。

$$\frac{9.1 \times 10^{-31} \times v^2}{2} = 1.6 \times 10^{-19}$$

$$v^2 \fallingdotseq 0.35 \times 10^{12} = 35 \times 10^{10} \fallingdotseq 36 \times 10^{10}$$

35 を 36 に近似するのがポイント。これでルートが計算できる。

$$v \fallingdotseq 6 \times 10^5$$

答は（2）の 5.9×10^5 を選んでおけばよい。

【AM 47】（3）

N をコイルの巻き数，Δt 秒間に磁束が $\Delta\phi$〔Wb〕だけ変化したとするとコイルに生じる起電力 E〔V〕は $E = N(\Delta\phi/\Delta t)$ となる。いくら磁束があってもそれが変化しなければ起電力は生じない。また磁束の大きさはコイルに流れる電流に比例する。一定の電流が流れ続けているときは磁束も一定で起電力は生じない。電流が変化すれば磁束も変化し，それに伴って起電力が生じる。L〔H〕を自己インダクタンス，Δt 秒間に電流が ΔI〔A〕だけ変化したとするとコイルに生じる起電力 E〔V〕は $E = N(\Delta\phi/\Delta t) = L(\Delta I/\Delta t)$ と表せる。

以上から答は時刻 T 以降に電圧が生じていない（3）か（5）になる。さて電流は時刻 0 から T まで一定の割合で増加している。すなわち磁束も時刻 0 から T まで一定の割合で増加することになり，その間は $E = N(\Delta\phi/\Delta t) = L(\Delta I/\Delta t)$ で計算される一定の起電力が生じる。答は（3）である。起電力の大きさは磁束の大きさそのものではなく，「磁束がどのくらい変化したか」で計算されるのである。長々と説明したが，要するに電流の微分波形を求めればよいのである。

【AM 49】（2）

回路を描き直したのが右図。電流計部分は $2\,\Omega$ で 20 mA だから 0.04 V かかっている。R にかかっているのは $1 - 0.04 = 0.96$ V で，電流は 20 mA だから R の大きさは $0.96/0.02 = 48\,\Omega$ となる。

【AM 50】（4）

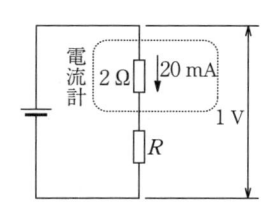

RC 並列回路は第 21 回（2008 年）【PM 08】，第 23 回（2010 年）【PM 48】で出題されている。インピーダンスの大きさ $|z|$ は例題 2.6 で計算されており

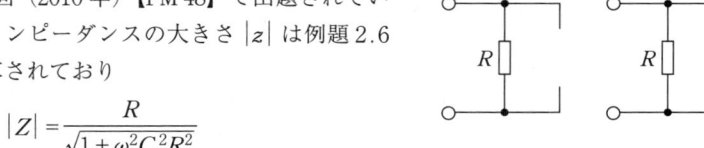

$$|Z| = \frac{R}{\sqrt{1 + \omega^2 C^2 R^2}}$$

である。ここで問われている周波数特性とは ω を変化させていったとき $|z|$ はどうなるかということである。

$|Z|$ の式を見ると $\omega = 0$ で $|z| = R$，ω が大きくなると $|z|$ が 0 になることがわかる。そうなっているのは（4）である。

式を使わず定性的な考察でも答を出せる。$\omega=0$，すなわち直流の場合はコンデンサは断線なのでインピーダンスは R になり，$\omega=$ 無限大の場合はコンデンサはただの導線なのでインピーダンスは 0 になる。

【AM 51】（1）

問題の意味がわからないという人もいるかもしれない。受電端で 1 kW，受電端の電圧が 100 V というのは，受電端の電流が 10 A であるということ（①）。電圧が 1 kV なら，電流は 1 A になる。さて，普通は送電線は抵抗 0 と考えて消費電力は 0 であるが，本問では送電線で消費される電力を考えているので，送電線にも抵抗がある。それを R〔Ω〕としよう。①の場合にはこの R〔Ω〕にも 10 A が流れるので電圧は $10R$〔V〕，したがって消費電力は $100R$〔W〕となりこれが P_a である。②の場合も同様に考えると，送電線での消費電力は R〔W〕でありこれが P_b となる。

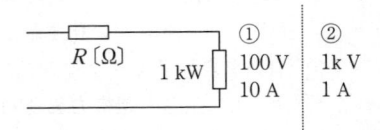

送電線で消費される電力はすべて無駄になる。同じ電力を送る場合，ロスを少なくするには高電圧を用いるほうが有利である。

【AM 56】（4）

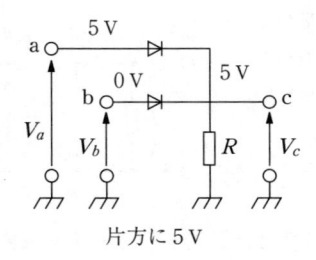

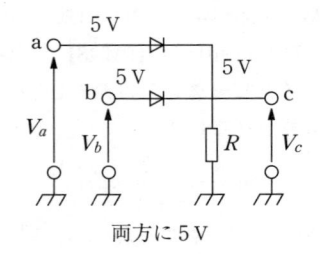

V_a，V_b ともに 0 V の場合，出力 V_c に 5 V が出るはずがない。この時点で（2）と（5）は消える。V_a と V_b は対称であるから $V_a=5$，$V_b=0$ と $V_a=0$，$V_b=5$ は同じである。下図左は $V_a=5$，$V_b=0$ の場合で，出力 V_c は 5 V になる。また $V_a=5$，$V_b=5$（下図右）も同様に出力 V_c は 5 V になる。したがって（4）が答となる。

片方に 5 V　　　　　両方に 5 V

【PM 46】（3）

1 μF のコンデンサにかかっている電圧がわかれば $Q=CV$ から電荷量を出せる。並列接続のときはかかっている電圧が同じ（電荷は違う），直列接続のと

きは蓄えられる電荷が同じ（電圧は違う）。さて問題図を図（a）のように描き直してみる。1 µF にかかっている電圧は E〔V〕としよう。並列になっているコンデンサをまとめると図（b）のようになる。6 µF と 3 µF で蓄えられる電荷が同じなので $6\times 10^{-6}\times (9-E) = 3\times 10^{-6}\times E$ であり，$E=6$ V とわかるので答は $1\times 10^{-6}\times 6 = 6$ µC となる。

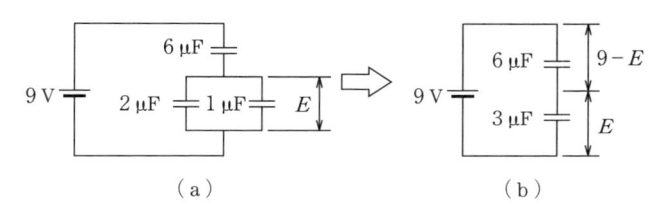

【PM 47】（2）

答を E〔V〕としよう。抵抗値が 10 kΩ であるから流れる電流は $E/(10\times 10^3)$〔A〕，電力は $E^2/(10\times 10^3)$〔W〕。これを 1 W に等しいとおいて $E=100$ V となる。

【PM 48】（4）

問題図の点線部分はホイートストンブリッジを構成している。向かい合う抵抗のかけ算が等しいので中心の R には電流が流れない。すなわち抵抗無限大（断線）と同じである。それを踏まえて回路を描き直す（下図）。後は抵抗の直列接続・並列接続の考え方を使って合成抵抗を出すだけである。

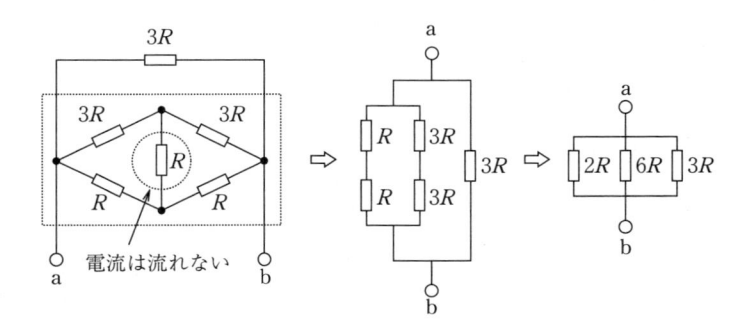

【PM 49】（3）

RC 直列回路の過渡現象の応用問題。まずは，下図で RC 直列回路の過渡現象を復習しよう。本問ではコンデンサが 100 V に充電され，これが電池の代わ

りになる。スイッチを入れるとコンデンサに蓄えられたエネルギーが抵抗で消費されていく。抵抗の電圧は最初は100Vだが，徐々に下がっていく。その式は$E_R = E \exp(-t/CR)$である。これに値を代入すればよい。$CR=0.5$なので$t=0.5$で$-t/CR=-1$。$E=100$なので計算は$100/e=100/2.7$となる。$CR=0.5$は時定数である。時定数秒後には電圧が最初の37%まで落ちることを知っていれば計算の必要がない。

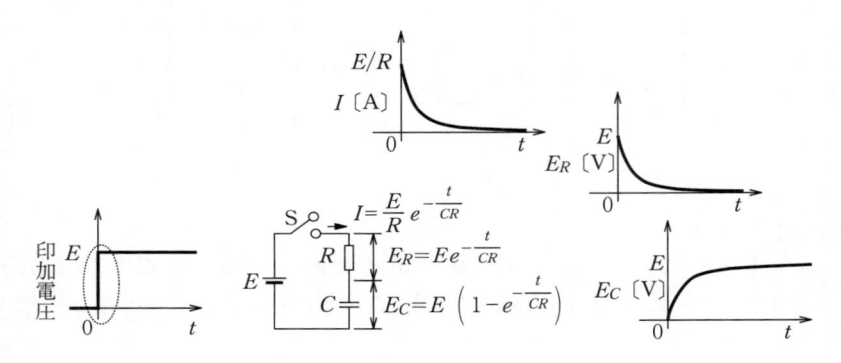

【PM 50】 （1）

例題3.18参照。

【PM 51】 （3）

順方向電圧（順電圧）2Vであるから，この2VはLEDを発光させるのに使われてしまい，Rには1Vしかかかっていない。20mAが流れているのでRの大きさは$50\,\Omega$となる。

【PM 52】 （2）

問題図Aの抵抗に矢印がついている記号は可変抵抗。いわゆるボリュームである。理想的な電池はいつも一定の電圧を発生するので，ボリュームつまみを回して抵抗値を変えてもボリュームに流れる電流が変わるだけで，かかる電圧は同じであるが，実際の電池には内部抵抗があり，そのせいで抵抗値を変えると電流だけでなくかかる電圧も変わる。その様子を描いたものが問題図Bである。さて問題図Bより電流が0Aのとき（可変抵抗$\infty\,\Omega$，つまり断線状態），電圧が1.5Vであることが読み取れる。この1.5Vは電池の起電力である（図(a)）。つぎに電流が0.5Aのときに負荷抵抗（可変抵抗）に1.2Vがかかっている部分の回路を描いてみよう（図(b)）。電池の内部抵抗rには

$1.5-1.2=0.3$ V がかかっており,これに 0.5 A が流れるのだから $r=0.6$ Ω となる。

(a) (b)

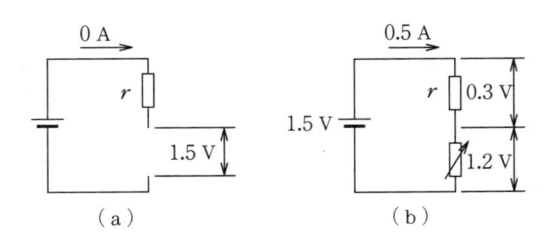

【PM 62】 (1)
複素数 $\sqrt{3}+j$ を図示すると右図のとおり。

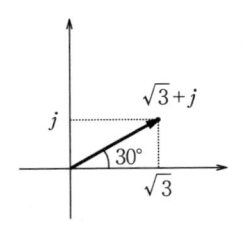

第 25 回（2012 年）

【AM 45】 (4)
例題 3.3 参照。

【AM 46】 (4)
$$F=\frac{1}{4\pi\varepsilon}\frac{Q_1Q_2}{r^2}$$ に値を代入すればよい。

【AM 47】 (5)
キャパシタとはコンデンサのこと。

コンデンサに蓄えられるエネルギー〔J〕 $=\dfrac{1}{2}\dfrac{Q^2}{C}=\dfrac{1}{2}QV=\dfrac{1}{2}CV^2$

である。最初は
$$\frac{1}{2}C\times(1.5)^2=\frac{1}{2}C\times 2.25$$

後では
$$\frac{1}{2}C\times 6^2=\frac{1}{2}C\times 36$$

なのでエネルギーは 16 倍になっている。最初の充電でモーターが 5 回転した

のなら，後の充電では 5×16＝80 回転する。このように「何倍か」系の問題では，値そのもの（ここではエネルギー）を計算する必要がないことが多い。

【AM 48】（4）

簡単そうで意外と解けない人が多いのではないだろうか。問題文を図にすると（a）のようになる。ここで電源を一つ残して後は消してしまおう（図（b））。とりあえずこの状態で電流を出し，それを 5 倍すれば答になる。回路の変形は（c），（d）のようになり回路に流れる電流は 1.25 A である。1 Ω の負荷抵抗に流れる電流はこの 5 分の 1 で 1.25/5 だが，最初の約束どおりこれを 5 倍して答は 1.25 A になる。このような考え方を重ね合わせの理という。

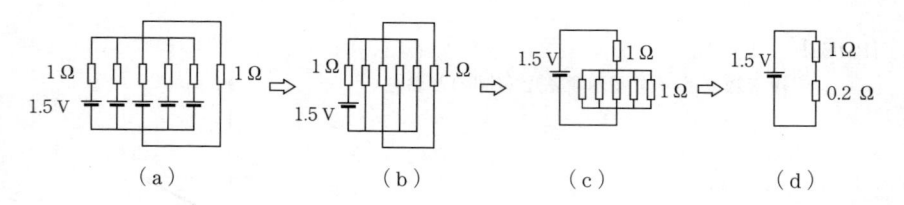

【AM 49】（4）

$$\frac{1}{\frac{1}{1}+\frac{1}{2}+\frac{1}{3}}+4=\frac{50}{11}\fallingdotseq 4.5$$

【AM 52】（3）

第 24 回（2011）【PM52】の発展問題。図はほとんど同じだが電流が 0.6 A になっている。電池の起電力が 1.5 V である（図（a））のは同じ。電流が 0.6 A のとき負荷抵抗（可変抵抗）に 1.2 V がかかっている（図（b））ので電池の内部抵抗 r には 0.3 V がかかっており，これに 0.6 A が流れるのだから $r=0.5$ Ω となる。これで電池の起電力（1.5 V）と内部抵抗（0.5 Ω）がわかった。これに 2.5 Ω の抵抗を接続したのが図（c）で，合成抵抗は 3 Ω となり，

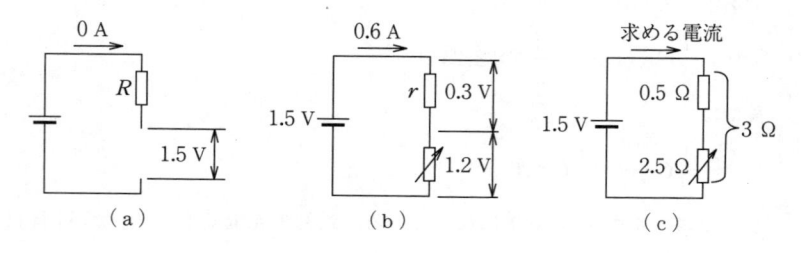

流れる電流は0.5Aであることがわかる。

【PM 47】（1）
　　例題1.11参照。

【PM 49】（3）
　　RLC並列回路の合成インピーダンスZの大きさは
$$|Z| = \frac{1}{\sqrt{\frac{1}{R^2} + \left(\frac{1}{\omega L} - \omega C\right)^2}}$$
である。ここからCを省いて式を変形すればよい。
$$|Z| = \frac{1}{\sqrt{\frac{1}{R^2} + \frac{1}{\omega^2 L^2}}} = \frac{1}{\sqrt{\frac{R^2 + \omega^2 L^2}{R^2 \omega^2 L^2}}} = \frac{R\omega L}{\sqrt{R^2 + \omega^2 L^2}}$$
まじめに計算するとつぎのようになる。RL並列回路のインピーダンスをZとして
$$|Z| = \frac{1}{\frac{1}{R} + \frac{1}{j\omega L}} = \frac{1}{\frac{R + j\omega L}{jR\omega L}} = \frac{jR\omega L}{R + j\omega L} \qquad \therefore \quad |Z| = \frac{R\omega L}{\sqrt{R^2 + \omega^2 L^2}}$$

【PM 50】（4）
　　例題2.10参照。

【PM 51】（2）
　　電圧拡大率$Q = (1/R)\sqrt{L/C}$に値を代入。

【PM 52】（4）
　　理想トランスであるとする。巻数比は2:1なので電圧は半分に，電流は2倍になる。すると二次側の電流は4A，10Ωの抵抗がつながっているので電圧は40V。一次側の電圧Eの半分が40Vということなので$E = 80V$。

【PM 53】（3）
　　2Vのラインと1Vのラインを消してみよう。ダイオードには順方向電圧がかかっており，ダイオードはただの導線と化し，下図のように電流が流れる。出力は3Vである。これに2Vのラインをつなげてみる。2Vラインのダイオードにかかる電圧は逆方向であり，このダイオードは断線状態になる。つまり2Vのラインは回路につながっていないのと同じである。同じことが1Vのラインにもいえる。結局，出力は3Vとなる。

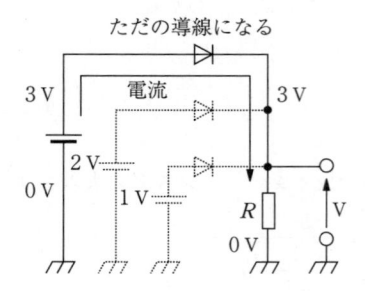

【PM 57】（1）

入力に正弦波を与えてみよう（図（a））。①の間は入力と同じ出力が出るが，②以降はダイオードが逆電圧になり入力は回路から切り離される。①の間にコンデンサにたまったエネルギーが抵抗を通じて放電され出力電圧は下がっていく。以下，同じことが繰り返され，結局，出力は図（a）の太線のようになる。つぎに入力として図（b）のように振幅変調された信号を与えてみよう。図（a）での考察から，この出力は図（b）の太線のようになることがわかる。これは振幅変調された信号が復調されたとみなすことができる。

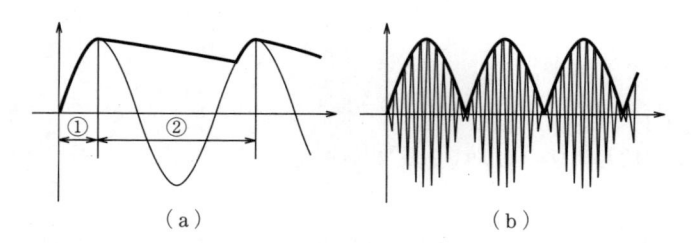

第 26 回（2013 年）

【AM 45】（4）

3 個目の点電荷の位置を C とし，AC 間の距離を x〔cm〕としよう。CB 間の距離は $6-x$〔cm〕となる。C は線分 AB 上なので $0<x<6$ である。C には q〔C〕の正の点電荷が置かれるものとする。二つの点電荷に働く力は

$$F=\frac{1}{4\pi\varepsilon}\frac{Q_1 Q_2}{r^2}$$

である。C に置かれた q〔C〕が A の Q〔C〕から受ける力は右向きで（C に置かれた電荷が負なら左向きになる），その大きさは

$$\frac{1}{4\pi\varepsilon}\frac{Qq}{\{x\times 10^{-2}\}^2} \quad [\text{N}]$$

Cに置かれたq〔C〕がBの$4Q$〔C〕から受ける力はAから受ける力と逆向きで大きさは

$$\frac{1}{4\pi\varepsilon}\frac{4Qq}{\{(6-x)\times 10^{-2}\}^2} \quad [\text{N}]$$

これらを等しいと置いてxについて解けば$x=-6, 2$を得るが$0<x<6$であるから$x=2$となる。上の式はきちんと書いてあるが，慣れてくれば両辺に共通する部分を省いて最初から

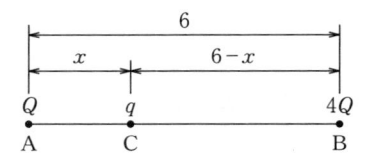

$$\frac{1}{x^2}=\frac{4}{(6-x)^2}$$

とできる。

【AM 46】（2）

$E=N(\Delta\phi/\Delta t)$ に値を代入するだけで，特にひねりはない。

【AM 47】（3）

あることに気づけるかどうかで勝敗が決まる。とりあえず問題図をもう少し見通しのよい形に描き直してみよう。するとXYの接続さえなければ直列・並列の考え方で解けることがわかる。XYにはどんな電流が流れるのだろうか。回路は上下左右に対称で12個の抵抗はすべて同じであるからabに電圧をかけたときXとYは同じ電圧になるはずである。ということは，XYに電流は流れない → XYはつながっていないのと同じ。後は計算するだけ。

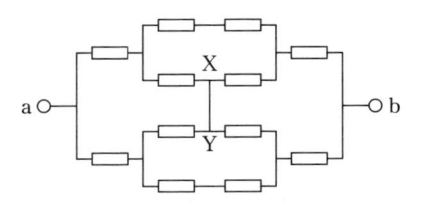

【AM 48】（4）

図の点線部分が電圧計。この電圧計には10 Vまでしかかけられない。$32\text{ k}\Omega$の抵抗を直列接続すると50 Vまでかけられるようになる。差額の40 Vは$32\text{ k}\Omega$が担当してくれるわけである。$32\text{ k}\Omega$に流れる電流は$40/(32\times 10^3)$〔A〕，電圧計の内部抵抗R〔kΩ〕にも同じ電流が流れるはずなので$10/(R\times$

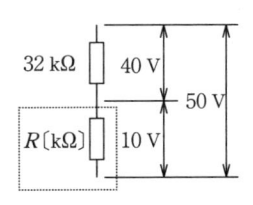

10^3) = 40/(32×10^3) として $R=8$ kΩ。このように電圧計外部に直列接続して電圧計の測定範囲を拡大する抵抗のことを倍率器という。内部抵抗 8 kΩ に対して 32 kΩ の倍率器を接続したので抵抗は 40 kΩ となり最初の 5 倍になった。したがって測定範囲も 5 倍になったわけである。

【AM 49】 （2）

時定数は L/R。この式を知っているかどうかだけの問題。

【AM 53】 （4）

とりあえず答である（4）の出力について説明しよう。
① 入力が 3 V 以下では，A 点より B 点のほうが電圧が高い。ダイオードは逆方向電圧であり断線状態。抵抗には電流が流れず電圧降下もない。したがって，A 点と C 点は同じ電圧になる。
② 入力が 3 V を超えると A 点の電圧が B 点より高くなり，ダイオードには順方向電圧がかかりただの導線になる。つまり B 点と C 点は同じ電圧になる。
③ は①と同じである。

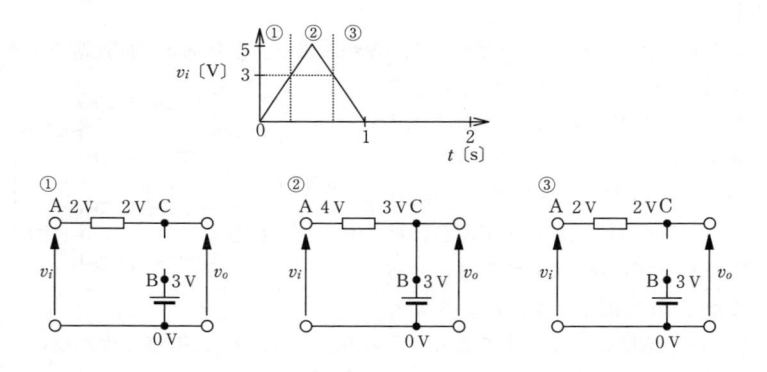

（1）〜（5）の出力電圧は下図のとおり。どうしてこのような出力になるのかは各自考えてほしい。

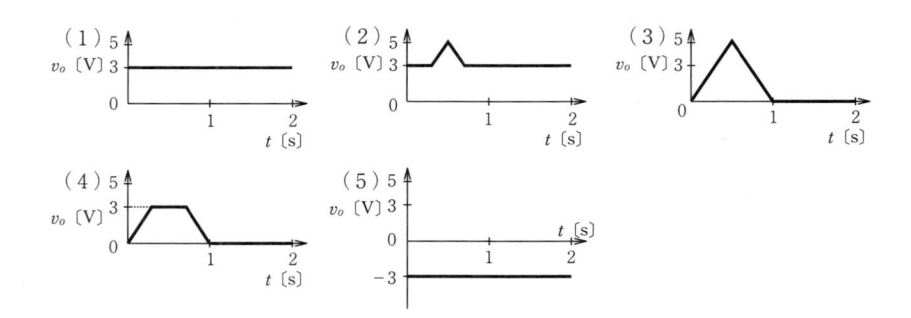

B. 臨床工学技士国家試験（解答・解説）　*211*

(1), (2), (3), (4), (5) のグラフ

【AM 54】（4）

第 25 回（2012 年）【PM 53】とほとんど同じ問題である。

【PM 47】（3）

コンデンサのエネルギー〔J〕 $= \dfrac{1}{2}\dfrac{Q^2}{C} = \dfrac{1}{2}QV = \dfrac{1}{2}CV^2$

を使う。C と Q に値を代入。

【PM 49】（4）

　第 24 回（2011 年）【PM 52】, 25 回（2012 年）【AM 52】を覚えていれば一瞬で答がわかる。ここではグラフについて詳しく説明しよう。
　負荷を R〔Ω〕とする。合成抵抗は $0.5+R$〔Ω〕。電流 I は $I=1.5/(0.5+R)$〔A〕。ここから $R=1.5/I-0.5$ となる。$V=IR$ であるが $R=1.5/I-0.5$ を代入すると $V=1.5-0.5I$ となりそのグラフは（4）になる。定性的に考えるとつぎのようになる。まず $I=0$ とは電流が流れていないということで R は無限大，つまり R の部分で断線状態であるから V は電源電圧 1.5 V がそのまま出力される。これで（1）（2）は消える。$R=0$ つまり R がただの電線になると $V=0$ になるはずでそのようになっているのは（4）だけである。

【PM 50】（3）

　検流計とは電流計と考えてよい（本当は用途などが違うが）。回路はホイートストンブリッジを構成しており，検流計の振れが 0（電流が流れていない）の場合は向かい合う抵抗値の積が等しい。すなわち $R=300\,\Omega$ にな

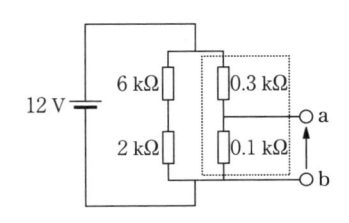

る。それを踏まえて回路を描き直すと図のようになる。点線部分の合成抵抗は 0.4 kΩ。そこに流れる電流は 12/400〔A〕。ab 間の電圧は (12/400)×100＝3 V。

【PM 51】（1）

$\quad$ RLC 直列回路のインピーダンスの大きさは

$$|Z| = \sqrt{R^2 + \left(\omega L - \frac{1}{\omega C}\right)^2}$$

共振時は

$$\omega L = \frac{1}{\omega C}$$

である。

【PM 53】（2）

$\quad$ 例題 2.15 参照。

索引

【あ】
アノード　62

【か】
カソード　62
可変容量ダイオード　74

【き】
逆方向　62
キャパシタ　176, 205
Q 値　43
虚　数　44

【こ】
高域通過フィルタ　53
合成静電容量　90
合成抵抗　3
降　伏　72
コンダクタンス　25

【し】
磁　界　97
磁　極　97
　──の強さ　97
自己誘導　112
磁　束　98
磁束密度　99
時定数　56
磁　場　97
ジーメンス　25
遮断周波数　52
順電圧　72
順方向　62
磁力線　98

【せ】
整　流　63
積分回路　59
先鋭度　43
全波整流　63

【そ】
ソレノイド　165, 192

【ち】
直列接続　3, 90

【つ】
ツェナーダイオード　73
ツェナー電圧　73

【て】
低域通過フィルタ　51
定電圧ダイオード　73
電圧拡大率　43
電圧降下　4
電　界　82
電磁石　101
電流密度　25

【と】
透磁率　99
トンネルダイオード　74

【な】
内部抵抗　2, 9

【は】
ハイパスフィルタ　53
発光ダイオード　74

発電機の原理　102
半波整流　63

【ひ】
比透磁率　99
微分回路　60
比誘電率　88

【ふ】
フォトダイオード　74
複素数　44
フレミングの左手の法則　102
フレミングの右手の法則　102

【へ】
並列接続　3, 90

【も】
モーターの原理　102

【ゆ】
誘電体　91
誘電率　83

【り】
リアクタンス　45
理想ダイオード　72
理想トランス　108
リップル　97

【ろ】
ローパスフィルタ　51

―――監修者・著者略歴―――

三田村　好矩（みたむら　よしのり）
- 1966年　名古屋工業大学工学部計測工学科卒業
- 1969年　北海道大学大学院修士課程修了（電子工学専攻）
- 1971年　北海道大学大学院博士課程修了（電子工学専攻），工学博士
　　　　　北海道大学助手
- 1978年　北海道大学助教授
- 1989年　北海道東海大学教授
- 1998年　北海道大学教授
- 2007年　北海道大学名誉教授

西村　生哉（にしむら　いくや）
- 1985年　北海道大学工学部精密工学科卒業
- 1987年　北海道大学大学院修士課程修了（精密工学専攻）
　　　　　日本電子株式会社入社
- 1990年　北海道大学助手
- 1999年　博士（工学）（北海道大学）
- 2007年　北海道大学大学院助教
　　　　　現在に至る

臨床工学技士のための 電気工学
Electrical Engineering for Clinical Engineers　　　© Ikuya Nishimura 2014

2014年3月17日　初版第1刷発行　　　★
2020年1月25日　初版第2刷発行

検印省略	監修者	三田村　好矩
	著　者	西村　生哉
	発行者	株式会社　コロナ社
	代表者	牛来真也
	印刷所	萩原印刷株式会社
	製本所	有限会社　愛千製本所

112-0011　東京都文京区千石4-46-10
発行所　株式会社　コロナ社
CORONA PUBLISHING CO., LTD.
Tokyo Japan
振替 00140-8-14844・電話(03)3941-3131(代)
ホームページ https://www.coronasha.co.jp

ISBN 978-4-339-07236-5　C3047　Printed in Japan　　　（大井）

JCOPY <出版者著作権管理機構 委託出版物>
本書の無断複製は著作権法上での例外を除き禁じられています。複製される場合は，そのつど事前に，出版者著作権管理機構（電話 03-5244-5088, FAX 03-5244-5089, e-mail: info@jcopy.or.jp）の許諾を得てください。

本書のコピー，スキャン，デジタル化等の無断複製・転載は著作権法上での例外を除き禁じられています。購入者以外の第三者による本書の電子データ化及び電子書籍化は，いかなる場合も認めていません。
落丁・乱丁はお取替えいたします。

ME教科書シリーズ

(各巻B5判，欠番は品切または未発行です)

- ■日本生体医工学会編
- ■編纂委員長　佐藤俊輔
- ■編纂委員　稲田　紘・金井　寛・神谷　瞭・北畠　顕・楠岡英雄
戸川達男・鳥脇純一郎・野瀬善明・半田康延

	配本順		著者	頁	本体
A-1	(2回)	生体用センサと計測装置	山越・戸川共著	256	4000円
B-2	(4回)	呼吸と代謝	小野功一著	134	2300円
B-3	(10回)	冠循環のバイオメカニクス	梶谷文彦編著	222	3600円
B-4	(11回)	身体運動のバイオメカニクス	石田・廣川・宮崎・阿江・林共著	218	3400円
B-5	(12回)	心不全のバイオメカニクス	北畠・堀編著	184	2900円
B-6	(13回)	生体細胞・組織のリモデリングのバイオメカニクス	林・安達・宮崎共著	210	3500円
B-7	(14回)	血液のレオロジーと血流	菅原・前田共著	150	2500円
B-8	(20回)	循環系のバイオメカニクス	神谷　瞭編著	204	3500円
C-3	(18回)	生体リズムとゆらぎ —モデルが明らかにするもの—	中尾・山本共著	180	3000円
D-1	(6回)	核医学イメージング	楠岡・西村監修 藤林・田口・天野共著	182	2800円
D-2	(8回)	X線イメージング	飯沼・舘野編著	244	3800円
D-3	(9回)	超音波	千原國宏著	174	2700円
D-4	(19回)	画像情報処理（Ⅰ） —解析・認識編—	鳥脇純一郎編著 長谷川・清水・平野共著	150	2600円
D-5	(22回)	画像情報処理（Ⅱ） —表示・グラフィックス編—	鳥脇純一郎編著 平野・森共著	160	3000円
E-1	(1回)	バイオマテリアル	中林・石原・岩﨑共著	192	2900円
E-3	(15回)	人工臓器（Ⅱ） —代謝系人工臓器—	酒井清孝編著	200	3200円
F-2	(21回)	臨床工学(CE)とME機器・システムの安全	渡辺　敏編著	240	3900円

定価は本体価格+税です。
定価は変更されることがありますのでご了承下さい。

図書目録進呈◆

臨床工学シリーズ

(各巻A5判，欠番は品切です)

- ■監　　　修　日本生体医工学会
- ■編集委員代表　金井　寛
- ■編集委員　伊藤寛志・太田和夫・小野哲章・斎藤正男・都築正和

配本順		著者	頁	本体
1.(10回)	医　学　概　論（改訂版）	江　部　　充他著	220	2800円
5.(1回)	応　　用　　数　　学	西　村　千　秋著	238	2700円
6.(14回)	医　用　工　学　概　論	嶋　津　秀　昭他著	240	3000円
7.(6回)	情　　報　　工　　学	鈴　木　良　次他著	268	3200円
8.(2回)	医　用　電　気　工　学	金　井　　寛他著	254	2800円
9.(11回)	改訂 医　用　電　子　工　学	松　尾　正　之他著	288	3300円
11.(13回)	医　用　機　械　工　学	馬　渕　清　資著	152	2200円
12.(12回)	医　用　材　料　工　学	堀内／村林　俊孝共著	192	2500円
13.(15回)	生　体　計　測　学	金　井　　寛他著	268	3500円
20.(9回)	電気・電子工学実習	南　谷　晴　之著	180	2400円

以下続刊

4．基　礎　医　学 Ⅲ	玉置　憲一他著	10．生　体　物　性	椎名　　毅他著
14．医用機器学概論	小野　哲章他著	15．生体機能代行装置学Ⅰ	都築　正和他著
16．生体機能代行装置学Ⅱ	太田　和夫他著	17．医用治療機器学	斎藤　正男他著
18．臨床医学総論Ⅰ	岡島　光治他著	21．システム・情報処理実習	佐藤　俊輔他著
22．医用機器安全管理学	小野　哲章他著		

ヘルスプロフェッショナルのためのテクニカルサポートシリーズ

(各巻B5判)

- ■編集委員長　星宮　望
- ■編集委員　髙橋　誠・德永惠子

配本順		著者	頁	本体
1．	ナチュラルサイエンス（CD-ROM付）	髙橋　誠／但野　茂／和田　龍彦／有田　清三郎 共著		
2．	情　報　機　器　学	髙永　誠／永田　橋／　啓 共著		
3.(3回)	在宅療養のQOLとサポートシステム	德永　惠子編著	164	2600円
4.(1回)	医　用　機　器　Ⅰ	田村　俊世／山越　憲一／村上　肇 共著	176	2700円
5.(2回)	医　用　機　器　Ⅱ	山形　　仁編著	176	2700円

定価は本体価格＋税です。
定価は変更されることがありますのでご了承下さい。

図書目録進呈◆